设施渔业

主　　编　黄元富
副主编　陈海勇
参　　编　花泽雄　黄庆大　莫志莲　李彬彬　劳　钦

主　　审　覃效敏
副主审　韦斯积

中国海洋大学出版社
·青岛·

图书在版编目(CIP)数据

设施渔业 / 黄元富主编 . —青岛：中国海洋大学
出版社，2018.11（2021.1 重印）

ISBN 978-7-5670-1845-7

Ⅰ. ① 设…　Ⅱ. ① 黄…　Ⅲ. ① 设施农业—水产养殖
Ⅳ. ① S953

中国版本图书馆 CIP 数据核字（2018）第 261737 号

出版发行	中国海洋大学出版社		
社　　址	青岛市香港东路 23 号	邮政编码	266071
出 版 人	杨立敏		
网　　址	http://www.ouc-press.com		
电子信箱	20634473@qq.com		
责任编辑	邓志科	电　　话	0532-85901040
印　　制	北京虎彩文化传播有限公司		
版　　次	2018 年 11 月第 1 版		
印　　次	2021 年 1 月第 2 次印刷		
成品尺寸	185 mm × 260 mm		
印　　张	4.75		
字　　数	98 千		
印　　数	1～1 000		
定　　价	35.00 元		
订购电话	0532-82032573（传真）		

发现印装质量问题，请致电 18600843040，由印刷厂负责调换。

　　随着工业现代化的推进,渔业工艺和设施装备不断推陈出新,促进了设施渔业的快速发展。设施渔业的出现,在很大程度上解决了以往对渔业资源不合理开发带来的许多问题,也符合渔业产业结构调整的需要。设施渔业工艺与设施装备的不断创新,对从事设施渔业的经营者、技术人员等的技术和素质要求越来越高。虽然,现在也有一些高等院校已经出版了相关设施渔业方面的专著、教材,但普遍是偏重理论与研究,不能满足实际应用的需要,很少有适合职业教育层次的以设施渔业为主题的教材。目前,企业设施渔业相关技术人才的培养几乎都只能依靠厂家提供的培训资料,缺乏系统学习与理论指导。因此,为适应水产养殖专业人才的培养需要,编写一本以操作技能与理论知识相结合的设施渔业方面的职业院校课程教材和参考书是十分必要的。

　　本书主要介绍了设施渔业的概论、工厂化养鱼技术、大水体循环养殖以及人工鱼礁技术四大部分内容。书中以工厂化养鱼技术章节为重点,详细介绍了工厂化养鱼技术中的循环水养殖系统构成、工艺流程、设施装备,还介绍了鱼菜共生技术的相关技术知识,旨在让读者全面掌握代表工厂化养殖技术的最先进技术——循环水养殖技术。此外,本书还介绍了大水体循环养殖的基本知识、技能和循环水养殖的优势与发展,以及相关人工鱼礁技术的知识、技能等内容,让读者能够系统地了解并掌握设施渔业相关技术和理论知识。

　　本书以项目教学方式,基于工作过程设计教学内容。全书有 4 个项目,由浅到深,详细地介绍了设施渔业,并将理论知识和实际操作有机结合,让学生通过对本书的学习既能够很好地掌握设施渔业的理论知识,又能进行实际操作。本书由广西钦州农业学校黄元富担任主编,陈海勇(湛江国联水产开发股份有限公司)担任副主编。其中项目一由黄元富、覃效敏编写,项目二由陈海勇、黄庆大、莫志莲编写,项目三由韦斯积、李彬彬编写,项目四由花泽雄、劳钦编写。

　　本书在编写过程中参阅了部分高职、高校同类教材内容及有关设施渔业的论文和企业培训资料,在此一并表示衷心的感谢!

　　由于编者经验及知识水平有限,书中难免有疏漏和不足之处,诚请读者批评指正!

编者
2018 年 1 月

Contents

目 录

项目一　认识设施渔业

本项目重点介绍设施渔业的定义、特点、类型等基本知识，并介绍设施渔业的发展概况及意义等内容，旨在让同学们初步了解并掌握设施渔业的相关基础知识，大体上先认知设施渔业，为后续项目内容的学习打下基础。

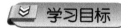 学习目标

【知识目标】

（1）掌握设施渔业的定义。

（2）掌握设施渔业的特点。

（3）掌握设施渔业的主要类型。

（4）了解设施渔业的发展概况及意义。

【技能目标】

能够辨别出主要设施渔业的类型。

 工作任务

任务 1-1：认识设施渔业。

任务 1-1　认识设施渔业

　　鱼塘对同学们来说也许都不陌生。将大点的低洼地围起来,灌入水即可作为鱼塘养鱼。设施渔业和使用这样的鱼塘养鱼是一样的吗?设施渔业是什么呢?设施渔业又有何特点?我们为何要发展设施渔业呢?让我们带着这些问题开始本任务的学习吧。

知识准备

一、设施渔业的定义

　　设施渔业是 20 世纪中期发展起来的集约化高密度养殖产业,运用现代工程、机电、生物、环保、饲料科学等多学科的最新科技手段,在陆上或海上营造出适合鱼类生长繁殖的良好水体与环境条件,把养鱼置于人工控制状态,以科学的精养技术,实现鱼类全年的稳产、高产。

　　设施渔业也称为环境控制渔业或工厂化渔业,是利用工程技术和工业化生产方式,建立现代化的渔业设施,为渔业品种的生长提供人工控制的最佳环境,使其在最经济的生长空间内,获得最高的产量、最好的品质和最大的经济效益的一种高效渔业,如图 1-1-1 所示。设施渔业是借鉴现代工业的生产方式,以先进的养殖设施为基础,以名特优新的水产品种为养殖对象,以可持续发展为目标,是知识和资本有机结合的先进水产养殖方式。

图 1-1-1　设施渔业(左:深水网箱;右:工厂化养殖)

二、设施渔业的特点

1.设施渔业是技术密集型渔业

　　和传统渔业相比,设施渔业对养殖技术人员和经营人员的要求较高。由于设施渔业采用的往往是新技术、新设备,养殖的对象往往都是名特优新的水产品种,因此设施渔业对养殖者的技术要求较高。除了必须掌握所养殖对象的生物学特性外,还需掌握养殖对象在高度人工环境下的新特点,学习和掌握现代化养殖设施的使用和管理。

2. 设施渔业是资本密集型渔业

和传统渔业相比,设施渔业所需投入资金较大。传统渔业大多是天然的积水洼地或在其基础上建成的池塘,建造成本相对较低,如图 1-1-2(a)所示。而设施渔业需要进行复杂的基础设施建设,如网箱、水泥池、大棚等。此外,还需配置有技术先进的养殖设备,如水、电、温度、溶解氧等自动化控制设备,如图 1-1-2(b)所示。因此,设施渔业的发展需要有巨大的资金投入。

（a）传统渔业　　　　　　　　　　　　　　（b）设施渔业

图 1-1-2　传统渔业与设施渔业的对比

3. 设施渔业是可持续发展型渔业

和传统渔业相比,设施渔业具有可持续发展性。传统渔业对环境与资源的保护和合理利用没有予以足够重视,甚至采取掠夺式的开发和利用,缺乏可持续发展。而设施渔业采用了大量的新技术、新设备,养殖用水通过生物等方法净化,循环利用,大幅度减少了未经处理养殖用水排放,保护了环境,使其成为可持续发展渔业。

三、设施渔业与传统渔业的区别

传统渔业是劳动与资源(水、土地、饲料)密集型的产业,属于污染型"靠天吃饭"的产业。传统渔业基础设施简陋、陈旧、经济基础脆弱;破坏性经营造成设施老化,固定资产贬值;养殖水域环境条件不断恶化,二次污染十分严重,不少水域生态失衡;水产养殖的种群混杂、种质退化;科技储备严重不足,引进消化不力,技术更新速度缓慢。

设施渔业是知识技术和资本密集型产业,属于环境保护型、可持续发展的产业。设施渔业在一定程度上摆脱了自然条件的束缚,使水产养殖不再完全是"靠天吃饭",可进行反季节养殖,多茬养殖,常年养殖等。

1. 环境保护型产业

设施渔业实施过程中最重要的一点是对资源环境的保护,其从生态环境的整体出发,既合理利用资源、开发资源,又特别注意保护水域的生态环境,特别是保护水产资源。设施渔业为密集型养殖,大大节约了土地资源。在水产养殖的同时,还发展了水产养殖与植物栽培、动物饲养的结合,因此设施渔业是环境保护型产业。

2.知识技术型产业

设施渔业是一项庞大的工程,其本质是工业化养殖方式,较以往的农业化养殖(池塘养殖)和牧业化养殖(大面积水域养殖)相比,其对知识技术的要求较高。由于设施渔业正处于探索阶段,许多技术指标均需要科学的试验来对其进行理论验证,之后才能实施,因此设施渔业是知识技术型的产业。

3.资本密集型产业

设施渔业的重点是渔业设施的现代化,例如温度的控制、水质的净化等,都需要大量的资金。目前,各个省市都是围绕水产养殖的关键——特种水产的苗种生产,来建立符合当地特点的育苗温室,建设温室工程。

4.可持续发展产业

设施渔业由于采用了大量的设备及技术,其养殖水用量大大减少,不污染环境,上海已经称其为"白领水产"。其能合理利用自然资源,是一种可持续发展产业。

此外,设施渔业与传统渔业相比,由于采用了现代设备及先进的技术,可以很好地观察养殖对象的生物特点,进行水质处理、温度控制等,使得养殖质量得到保证。同时,设施渔业也是一种高科技、高密度、高质量、高风险、高投入和高产出("六高")的养殖模式,产出量可达 $100\sim300\ kg/m^2$。

四、设施渔业的主要类型

根据设施渔业采用的养殖设施的不同,可将设施渔业分为如下几个主要类型。

1.网箱养殖

网箱养殖是指将养殖对象放置于网箱,然后投放到特定水域中养殖的一种方式。根据投放水域的不同,又可分为水库网箱、海水网箱、外荡网箱等。

2.工厂化养殖

工厂化养殖是指在室内水池中采用先进的机械和电子设备控制养殖水体的温度、光照、溶解氧、pH、投饵量等因素,实行半自动化或全自动化管理,始终维持养殖对象的最佳生理状态、生态环境,进行高密度、高产量的养殖方式。根据不同的水流处理形式,又可分为机械式养殖、开放式自然净化循环水养殖,组合式封闭循环水养殖。

3.温室养殖

温室养殖的主要特征是含有加温设施,使养殖水域的温度可控,可分为养殖温室和育苗温室。温室养殖可归于工厂化养殖的一种方式。

4.大棚养殖

大棚养殖也是工厂化养殖的一种,主要是利用大棚保温延长生长期的一种养殖方式。

5. 人工鱼礁养殖

人工鱼礁(包括鱼类礁、藻类礁或贝类礁)是人工置于水域环境中用于修复和优化水域生态环境的构造物,其目的是改善海域生态环境,营造海洋生物栖息的良好环境,为鱼类等提供繁殖、生长、索饵和庇敌的场所,达到保护、增殖和提高渔获量的渔业方式。

6. 高标准鱼塘

高标准鱼塘养殖是指在传统鱼塘养殖的基础上配置先进的渔业设施和技术,提高养殖对象产量和质量的一种养殖方式。

五、设施渔业的发展概况

1. 国外设施渔业的发展概况

设施渔业比较先进的国家有日本、美国、德国、丹麦、挪威等发达国家,在工厂化水产养殖的科研及生产上取得了突出的成绩。工厂化水产养殖已成为水产养殖主流模式。工厂化养鱼生产水平很高,主要养殖品种为鳟鱼、鲤科鱼类、罗非鱼等,每立方米水体年产量可达 100 kg 以上。丹麦现有年产 150～300 t 水产品的工厂化养殖系统 50 余座;德国有工厂化水产养殖系统 70 多座;美国也将工厂化水产养殖列为"十大最佳投资项目",而且其技术成熟、产量稳定、效益显著。丹麦富雅工程公司和丹麦水产研究所(DAI)研制的成套养鱼设备,已大批出口国外,我国大陆和台湾均从该国引进多台套养鳗工厂。

2. 国内设施渔业的发展概况

我国设施渔业的发展较西方发达国家相对较晚,但近年来也取得了很大的成绩。我国设施渔业的发展大致可分为如下 3 个阶段。

(1)第一阶段,自 1978 年我国开始发展对虾的大规模养殖以来,对虾养殖得到长足发展,初步形成了海水工厂化养殖的概念。

(2)第二阶段,20 世纪 80～90 年代初以鲍鱼工厂化养殖为代表的模式,对我国的工厂化养殖发生了重要影响,比较典型的是大连市水产研究所创造的工厂化养鲍。

(3)第三阶段,现代化设施的养殖方式起步。江苏省海洋水产研究所于 1998 年建立了海水循环式养殖系统,建设模式比较先进,除生物净化外,还设立在线自动监测系统。国内目前有中国海洋大学、黄海水产研究所、上海海洋大学、上海水产研究所在研究和开发闭合循环水产养殖系统。上海海洋大学开发的养殖系统已经成功应用到生产中,在全国范围内建造了 7 座闭合养鱼工厂。

六、发展设施渔业的意义

发展设施渔业的意义较多,总结起来主要有如下几点。

(1)设施渔业符合我国国情和资源现状。

(2)设施渔业顺应了新阶段渔业发展趋势。

(3)设施渔业适应了市场对产品优质化、多样化的需求,也能生产各种无污染、安全、优质的绿色健康食品。

（4）发展设施渔业是我国渔业应对加入 WTO 挑战的需要。

（5）设施渔业是环保型产业，适应可持续发展，循环经济和与环境友好的要求。

七、设施渔业存在的问题

1. 层次较低

我国设施渔业以温室养殖为主，普遍存在的问题是水平和档次不高。很多温室仅仅是简易水泥池或土池覆盖薄膜，基础设施较差，淡水网箱层次也不高。总体而言，我国基础研究滞后，缺少高标准、自动化程度高，抵抗自然灾害能力强的设施渔业。

2. 市场能力较差

我国设施渔业在初步设计时大多是针对某种或某几个品种，如鳗鱼、甲鱼养殖设施等，通用性较差，很难适应迅速变化的市场需求。同时，水产品市场品种更替速度较快，盈利周期较以前大为缩短。养殖品种的市场价格浮动较大，超过了设施渔业所能承载的范围，这给设施渔业经营者带来了很大困难。

3. 生产管理水平较低

目前我国设施渔业生产和管理水平相对较低，大部分沿用传统养殖业经营和管理机制，现代企业管理思想和机制未能充分应用，生产效率低。以工厂化温室养殖为例，国外立方米水体产量一般在 60 kg 以上，设施先进、管理水平较高的可达到 100 kg 或以上。而我国平均水平只有 10 kg 左右。由于设施落后，管理水平差，造成了资源浪费、饵料系数高。

4. 规模较小

目前，我国设施渔业在整个渔业中所占份额较小，还未引起足够重视，不利于引入大量资金的投入。此外，生产单元较小，过于分散，未能形成规模效益。受到资金、管理等方面的限制，我国设施渔业规模较小。

5. 缺乏整体规划

我国设施渔业发展缺乏宏观调控的有效手段和措施，带有较大的盲目性和随意性。根本上是缺乏创新创业精神，盲目跟从，一旦市场出现某个品种价格较好，大家就一哄而上盲目建设养殖该品种，造成供过于求，价格急剧下降，导致大量企业亏本甚至破产。

八、设施渔业发展对策和途径

1. 克服贪大求洋和过于简陋的倾向

设施渔业的关键在于设施。既要注重设施的先进性，同时必须考虑设施的经济实用性，应找到二者间的平衡点。既要克服贪大求洋，又要避免过于因陋就简。设施渔业建设标准过高，费用过大，投资、运营成本过高，养殖效益较低，投资回报周期较长，会使得企业投资风险过高，经营不当还存在着面临破产的风险。而设施建设标准过低，对于环境控制能力和稳定性较差，满足不了现代生产需要，抵御自然灾害的能力也越差。

2. 增强设施渔业对市场的适应性

设施渔业的发展必须具有较强的市场适应性,能够适应多品种、多模式养殖的需要,实行成品养殖与苗种有机结合,增强应对市场变化的能力,提高设施渔业的生命力。在选择养殖对象时,要注意选择一些具有较高科技含量和市场相对稳定的品种。

3. 加强设施渔业的整体规划

我国设施渔业发展的随意性很大,缺乏整体规划。应根据苗种资源、水资源等进行合理规划,形成区域特色明显的布局。同时根据市场需求,合理控制规模,保持市场稳定。人工鱼礁发展要进行周密论证,根据海洋功能区规划统一布局,充分考虑海洋经济的长期发展。因为鱼礁清除比建设要困难,所需代价较高。

4. 加强设施渔业发展中环境的保护和控制

我国设施渔业发展仍然处于初级阶段,环境问题十分重要。设施渔业的发展必须注意环境的影响,选择合适场所和适宜方式,避免造成不必要的损失。同时必须考虑设施渔业对环境的影响,其中主要包括网箱养殖中水域富营养化,工厂化养殖中水排放的达标治理,地下水合理开采、利用和回补等。环境问题解决了,设施渔业才能真正实行可持续发展,具有更强的生命力。

九、我国设施渔业发展的重点

(1)要完成工厂化养鱼、大水体循环水养鱼、大型网箱养鱼的现代化系统技术与工程的研究与建设。

(2)开发自动化监控设施(控温、控湿、控氧、控氨、控光、控流速),并实施远程控制。

(3)建立环境监控软件包系统,通过计算机监控技术将温室的环境控制在最佳状态。

(4)研究设施渔业病害防治的特点,探索健康养殖的新工艺流程。

任务实施

任务内容:根据下列图示,说明该养殖方式属于哪种类型和其主要特征/特点是什么?

名称:

特征:

名称：

特征：

名称：

特征：

名称：

特征：

任务评价

表 1-1-1　任务评价表

任务实施项目	操作步骤	要求	分值	学生自评	教师评分
传统渔业	传统渔业的特征/特点	应能了解掌握各主要养殖类型的定义 应能熟练掌握各养殖方式的主要特点 应能区分传统养殖与设施渔业	25 分		
工厂化养殖	工厂化养殖的特征/特点		25 分		
网箱养殖	网箱养殖的特征/特点		25 分		
人工鱼礁	人工鱼礁的特征/特点		25 分		
总分			100 分		

任务习题

（1）请简述什么叫设施渔业？

（2）请简述设施渔业都有哪些主要特点？

（3）请说明设施渔业都有哪些优点？

（4）请说明传统渔业都有哪些缺点？

（5）请说明设施渔业都有哪些主要类型？

（6）我国发展设施渔业的意义有哪些？

（7）我国设施渔业存在哪些问题？又该如何发展和有什么对策？

项目二　工厂化养鱼技术

本项目主要介绍工厂化养鱼的定义、类型及设施等工厂化养殖的基础知识,并详细介绍封闭循环水养殖技术的定义、特点、工艺流程及相关设备,以及鱼菜共生的原理及工厂化构建等知识内容,旨在让同学们全面了解工厂化养鱼技术。

≫ 学习目标

【知识目标】

(1)了解掌握工厂化养鱼的定义、类型及设施。

(2)掌握封闭循环流水养殖的定义、特点、系统组成、主要工艺及装备。

(3)掌握鱼菜共生的原理。

(4)了解庭院式的鱼菜共生模式。

【技能目标】

(1)能够掌握鱼种放养、饲养管理等基本的工厂化养殖技术。

(2)能够进行循环水养殖池的设计、工艺设施设备的安装方法等。

(3)能够进行鱼菜共生工厂化模式的构建。

≫ 工作任务

任务 2-1:认识工厂化养鱼技术。

任务 2-2:封闭循环水养殖技术。

任务 2-3:鱼菜共生。

任务 2-1　认识工厂化养鱼技术

提到"工厂"一词,同学们也许会联想到汽车制造工厂、电子加工工厂、机械制造工厂等等。为什么这里的养鱼技术称为"工厂化"呢?是不是将鱼放到工厂里养殖?工厂化养鱼又需要什么设施设备?它具有什么特点呢?让我们开始本任务的学习,揭开工厂化养殖技术的神秘面纱吧。

知识准备

一、工厂化养鱼技术的定义

工厂化养鱼是指运用建筑、机电、化学、自动控制学等学科原理,对养鱼生产中的水质、水温、水流、投饵、排污等实行半自动化或全自动化管理,始终维持鱼类处于最佳生理状态和生态环境,从而使鱼健康、快速生长和最大限度提高单位水体鱼产量和质量且不产生养殖系统内外污染的一种高效养殖方式。

工厂化养鱼是当今最为先进的养鱼方式,具有占地少、单产高、经济效益高、受自然环境影响小、可全年连续生产、操作管理自动化等诸多优点。但工厂化养鱼属于高投入、高风险的产业,投资大、管理严格、技术性强,适合于资金雄厚、技术力量强、管理经验丰富的大、中型企业生产。

工厂化养鱼与静水池塘养鱼的主要区别在于工厂化的池塘面积小,池水持续流动和交换,池水溶解氧来源于流水带入或机械增氧,天然饵料生物少,鱼的营养完全来源于人工投饵,池水中鱼类排泄物等物质随水流及时排出,故水质较清新,放养对象一般为吞食性鱼类,种类较为单一,密度和产量较大。

二、工厂化养鱼技术的类型

目前,工厂化养鱼技术多应用于陆上养殖,其形式多种多样,主要可分为普通流水养鱼、温流水养鱼和循环流水养鱼 3 种类型。

1. 普通流水养鱼

普通流水养鱼(running water fish culture)是指在有水流交换的鱼池内进行鱼类高密度精养的方式。一般以海水、水库、湖泊、河道、山溪、泉水等作为水源,借助水位差、引流或截流设施及水泵等,使水不断地流经鱼池,或将排出水净化后再注入鱼池,如图 2-1-1所示。由于水流起着输入溶解氧和排除鱼类排泄物的作用,池水能保持良好水质,为鱼类高密度精养创造了条件。这种养鱼方式设备简单、投资少,适合于南方适温地区的短期或低密度养殖,是工厂化养鱼的最低级阶段。适合于鲷类、花鲈、石斑鱼、牙鲆、河豚等肉食

图 2-1-1　普通流水养鱼

性鱼类的养殖。

2. 温流水养鱼

温流水养鱼是指利用天然热水（如温泉水井、温泉水），电厂、核电站的温排水或人工升温海水作为养鱼水源，经简单处理后进入鱼池，用过的水不再回收利用的一种养鱼方式，如图 2-1-2 所示。这种养鱼方式工艺设备简单、产量低、耗水量大，是工厂化养鱼的初级阶段。

温流水养鱼是最早于 20 世纪 60 年代初由日本发展起来的一种工业化养鱼方式，目前除日本外，在俄罗斯、美国、德国、丹麦、法国等国较为盛行。我国近年来温流水养鱼的发展速度也较快，在山东胶东地区现已建成数十家温流水养鱼厂，养鱼面积约为 20 万平方米，年产各种高档海水鱼 1 000 t 以上，养殖的种类有牙鲆、黑鲪、六线鱼、鲷类等。

图 2-1-2　温流水养鱼

3. 循环流水养鱼

循环流水养鱼又称为封闭式循环流水养鱼，循环水养殖系统是取代传统的池塘、流水、网箱、大棚温室等养殖方式的新型工业化生产方式，如图 2-1-3 所示。其主要特点是用水量少，养鱼池排出的水需要回收，经过曝气、沉淀、过滤、消毒后，根据不同养殖对象、不同生长阶段的生理需求，进行调温、增氧和补充适量的新鲜水（增加 1 % ～ 10 %，系统循环中的流水或蒸发的部分），再重新输入养鱼池中，反复循环使用。

循环流水养鱼系统还需配置有流速控制、自动投饵、水质监控、排污等装置,并由中央控制室统一进行自动监控,是目前养鱼生产中整体性最强、自动化管理水平最高、且无系统内外环境污染的高科技养鱼系统,是目前工业化养鱼的最高水平,也是工厂化养鱼的主流和发展方向。目前,世界上循环流水养鱼技术水平最高的地区是欧洲,一些国家已能输出成套的养鱼装备。循环流水养鱼的单产量已达到 $100\sim300$ kg/m^2,高的达 $750\sim1\,500$ kg/m^2。

图 2-1-3 循环流水养鱼

三、工厂化养鱼的设施概述

工厂化养鱼的设施根据不同的类型和养殖对象对水质的要求,所采用的工艺流程和设施设备是不相同的,涉及的装备种类繁多。

(1)普通流水养鱼。普通流水养鱼所需设施最简单,可在普通池塘养殖的基础上增加砂滤池过滤抽提的海水、井水、河水等水源,而养殖后的废水可直接排入大海、河流或农作物中。

(2)温流水养鱼。温流水养鱼则在普通流水养鱼的基础上增加调温设备和温排水的预处理设备,如锅炉、保温大棚等。

(3)海水工厂化养殖系统。海水工厂化养殖系统则需有鱼池系统、水质净化处理系统、自动检测系统以及自动投饵系统等辅助系统设施。

(4)循环流水养鱼。循环流水养鱼在工厂化养鱼技术中所需设施装备较多,最为复杂,技术要求高,在本项目的任务 2-2 中将进行详细介绍。

任务实施

任务内容:了解掌握工厂化养鱼的基本养殖技术。

1. 鱼种放养

(1)适合养殖品种。适合工厂化养殖的鱼类一般为肉食性优质品种,如牙鲆、大菱鲆、鳗鲡、石斑鱼、鲷类等(图 2-1-4)。为了使当年投放的苗种能够达到食用鱼规格,选用的苗

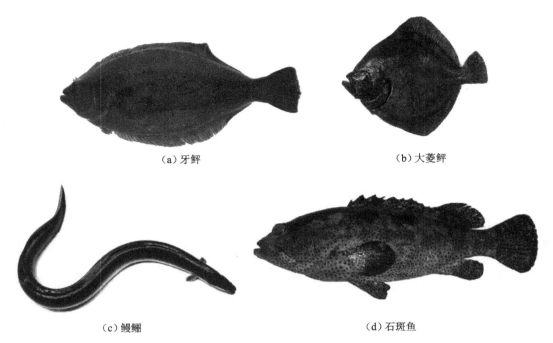

（a）牙鲆

（b）大菱鲆

（c）鳗鲡

（d）石斑鱼

图 2-1-4 常见工厂化养殖的鱼类

种规格一般为 50～150 g。

（2）养殖密度。放养密度可根据水流量和鱼种规格而定。在适宜放养品种的流量范围内（不超过养殖品种的极限流速），流量大，放养密度应尽可能的大，才能获得较高的产量，低放养密度虽然相对增长量高，但绝对增长量受到影响，不利于利用水体空间和提高产量。在同样流量下，鱼种规格小，则增长倍数高，放养密度要低一些。因此合理的放养量应是在一定的水流情况下，在养殖期不影响鱼类生长速度和达到商品规格的最大数量。

在养殖后期，水体中的鱼群达到一定密度后，即使排水口排出的水含氧量在临界溶解氧值以上，由于鱼类生存空间狭小，影响摄食行动，鱼类生长也受到制约，这时的密度称为最大容量或极限密度。最大容量与水流大小、水质优劣、鱼池结构和鱼的种类有关。普通流水养鱼一般为 50～200 条/平方米，或 5～10 kg/m²，不宜超过 20 kg/m²。循环水养殖相比普通流水养殖的密度要大一些，例如养殖大菱鲆可达 25～30 kg/m²，最高可达 75 kg/m²。

（3）鱼种放养前的准备。特别对于新建流水池，在鱼种放养前应该做好以下准备工作：

试水运行。流水池建好后要进行试水运行工作，检查进水情况、水体交换状况、排水、排污设施等是否符合设计要求，同时检查鱼池质量、保水性能。初步掌握鱼池运行性能和流量调节的操作。

放鱼种前清扫池壁池底。用清水将鱼池泡 10～15 d，鱼种放养前 1 周用生石灰（每平方米池面积约 0.5 kg）兑水泼撒消毒，装鱼前 3 d 用清水灌满鱼池，冲排数次将石灰冲洗干净。在关放水时，并列鱼池注意保持相邻鱼池水位的平衡，避免造成池壁两侧压力不均而发生垮塌事故。放鱼种前一天放试水鱼,证明无毒后再放鱼种。

检查设施。检查拦鱼栅、闸板等是否贴合紧密,闸无破损,闸阀开闭是否灵活,进排水渠道有无障碍等,及时排除和维护好,保证万无一失。

2.饲养管理

(1)注意水流调节和水质调控。

池水流量的调节。应根据进、排水中的含氧量和总氨、氮、NO_2^- 等含量来调节水流量。池水中一般溶解氧应保持在 4 mg/L 以上,出水口的水溶解氧不低于 3 mg/L;鱼池排水中的总氨量应小于 1.5 mg/L,NO_2^- 应小于 0.1 mg/L。也可根据鱼的摄食情况调节水流量,在水温稳定情况下摄食量下降时,应调大流量。流量控制在 4 个循环/24 小时,每次投饵完毕后 0.5～1 h 后迅速换水,换水量在 80% 左右。

水温的控制。应根据不同鱼类适宜温度的不同,控制好池水的温度,使鱼始终生活在适宜的温度范围内,才能加速鱼类的生长。牙鲆的适宜生长水温为 16 ℃～21 ℃,大菱鲆为 13 ℃～18 ℃,大黄鱼为 18 ℃～25 ℃,石斑鱼为 22 ℃～28 ℃。

pH 的调控。不同鱼类对水的 pH 的要求是有所差异的,但通常都偏碱性。调控池水 pH 的方法一般有两种:一是根据每个池的日喂食量求得每日碱性物质添加量后,称取每池所需数量,溶入水中,全池泼洒;二是在循环水池中加入所需碱性物质,如 NaOH、Na_2CO_3(苏打粉)、$Ca(OH)_2$(熟石灰)等,通过水循环,把调节后的水注入每个池中,达到调节 pH 的作用。值得注意的是,在泼洒碱性物质时,应尽量在池内泼洒均匀,避免局部 pH 过高,灼伤鱼体。同时注意人身安全,碱性物质有较强的腐蚀性。

(2)投饵。

目前流水养鱼多撒喂人工配合颗粒饲料,因流水池鱼类密度大,池水又经常流动,需摄食大量饲料。为防止饲料流失,不可在池角落或靠近进、出水口处投饲料。可用机械和人工两种投饵方法,应掌握少量多次,均匀投饵的原则。投饵时,一般要求全部鱼摄食到八成饱为止,每次投饵时间为 20～30 min,每天投喂 2～6 次。每天颗粒饲料投喂量占鱼体总重量的 2%～3%。可根据投饵率乘以池存鱼总重量,求出日投饵量。

(3)定时排污。

做好排污工作是保持水质良好的一项重要措施。由于流水养鱼是高密度精养,鱼类粪便、残饵多,除平日随排水带走部分外,还应定期放水排污。排污操作要迅速,并调节好进水量和排水量,避免因排污放水,使鱼堆积到拦鱼栅、网上摩擦、挤压受伤,或进水流速太快,使鱼疲乏致伤。

鱼类养殖初期因鱼种小、投饵量小、水温低、有机物耗氧不多,污物可随水排出。随着水温升高,鱼体长大,鱼摄食量增加,粪便、残饵增多,有机物耗氧量大,靠加大流量和鱼群活动排污已不够,需每隔 10 d 左右,放水排污一次。

(4)检查。

每日巡池时注意观察鱼群的活动状况、摄食强度,以判断水质状况。首先要调节好池水流量,随着鱼体长大,逐步增加池水交换量,以保证池水溶解氧充足,使鱼摄食旺盛,生长迅速。若发现水质变坏或缺氧,应补充大量新鲜水;若发现定向注水过急,水量过大,也要及时加以调整。流量适当才能使鱼在正常的水环境中,游动活跃,争食饲料。其次还要注意防洪防逃,在雷雨季节做好排洪工作、及时疏通渠道,避免洪水冲垮进水渠。每日检查拦鱼栅是否有破损,以防逃鱼。

（5）鱼病预防。

流水池内鱼群密度大,发病后易互相传染,故蔓延快、死亡率高。因此,流水养鱼应以预防鱼病为主。

任务评价

表 2-1-1　任务评价表

任务实施项目	操作步骤	要求	分值	学生自评	教师评分
鱼种放养	鱼种放养密度:根据养殖鱼的种类、水流量、水质、基础设施、管理、技术水平等因素而定	应能了解掌握鱼种放养密度的原则和方法 应能熟练掌握鱼种放养前的准备工作 应能正确掌握饲养管理的流程和工作事项	15 分		
	鱼种放养前的准备 试水运行 清洁清扫、消毒 检查确保设施设备正常 放试水鱼,放鱼苗		25 分		
饲养管理	水流调节和水质调控 投饲 定时排污 检查 鱼病预防		60 分		
总分			100 分		

任务习题

（1）什么叫工厂化养鱼?

（2）工厂化养鱼主要可分为哪几种类型?它们各有什么特点?

（3）请查询资料,列举出本任务所述适合工厂化养殖的鱼类还有哪些?

（4）如何确定水流量?

（5）如何确定放养密度?

（6）鱼种放养前需要做哪些准备工作?

（7）饲养管理都有哪些工作?

任务 2-2 封闭循环水养殖技术

通过任务 2-1 的学习,我们知道了工厂化养鱼包括普通流水养鱼、温流水养鱼和循环流水养鱼 3 种技术。其中,普通流水和温流水养鱼技术所需工艺及设施较为简单,属于工厂化养鱼技术的初级阶段,循环流水养鱼代表着工厂化养鱼的发展方向。那么,循环流水养鱼所涉及的工艺、设施及技术都有哪些呢?

知识准备

一、封闭循环水养殖的定义和特点

1. 封闭循环水养殖的定义

封闭循环水养殖是利用曝气、沉淀、过滤、生物方法、物理方法及化学方法的有机结合,依靠工艺及技术装备的支撑,利用水处理过程和生态过程系统原理,不断除去鱼池代谢产物及饵料残渣,并对水质和温度进行控制,人为地建立近于自然,甚至优于自然的水生环境,并结合科学饲养,使水产养殖过程达到理想状态,从而在不添加新水或少添新水的情况下,形成不受自然条件影响,进行常年循环封闭式的高密度养殖模式——循环封闭式水产生态养殖系统,如图 2-2-1 所示。

图 2-2-1 封闭循环水养殖工厂

2. 封闭循环水养殖的特点

(1)用水量少,养鱼池排出的水需要回收,经过曝气、沉淀、过滤、消毒后,根据不同养殖对象不同生长阶段的生理需求,进行调温、增氧和补充适量(1%～10%)的新鲜水,再重新输入养鱼池中,反复循环使用。

(2)封闭循环水养殖的特点是目前养鱼生产中整体性最强、自动化管理水平最高、且无系统内外环境污染的高科技养鱼系统,是工业化养鱼的最高境界,必将成为工厂化养鱼的主流和发展方向。

二、封闭循环水养殖的工艺流程

由于循环水养殖发展的良好前景,国内外对其工艺技术和装备进行了大量的研究。目前,世界上研究循环水养殖技术的就有几十个国家,每个国家还有多种模式,促进了循环水养殖技术的不断发展与创新。

根据海、淡水不同养殖对象和水质的要求,所采用的循环水养殖工艺流程各异,涉及的装备繁多,各具特点。但无论采用哪种工艺流程,都应遵循适用性、先进性、经济性、系统性和可靠性原则,尤其以降低能耗为重点,以减少投入与运转费用。由于循环水养殖的工艺较多,本节只针对几种典型的工艺流程进行介绍,其工艺流程见图2-2-2至图2-2-5。

1. 德国模式工艺流程

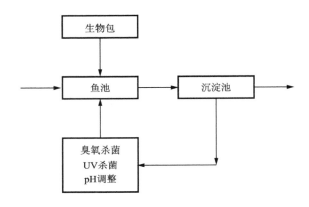

图 2-2-2   德国模式工艺流程图

2. 丹麦系统工艺流程

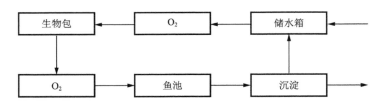

图 2-2-3   丹麦系统工艺流程图

3. 我国台湾系统工艺流程

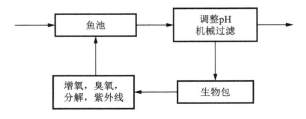

图 2-2-4   我国台湾系统工艺流程简图

4. 我国大陆改进工艺流程

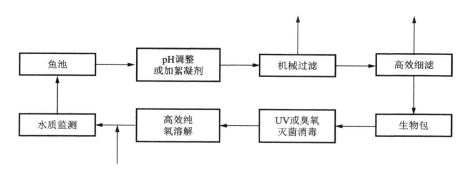

图 2-2-5　我国大陆改进工艺流程简图

三、封闭循环水养殖的系统组成

虽然采用的循环水养殖工艺流程各异,涉及渔业设施不尽相同,但循环水养殖的系统构成一般都包括有鱼池系统、水质净化处理系统、自动控制系统以及自动投饵系统等其他辅助系统。各个系统构成及采用的设施装备如下。

(一)鱼池系统

鱼池系统主要包括养鱼车间及鱼池两部分。

1. 养鱼车间

养鱼车间多为双跨、多跨单层结构,跨距一般为 9～15 m,砖混墙体,屋顶断面为三角形或拱形。屋顶为钢架、木架或钢木混合架,顶面多采用避光材料,如深色玻璃钢瓦、石棉瓦或木板等,设采光透明带或窗户采光,室内光照强度以晴天中午不超过 1 000 lx 为宜。车间应结构牢固,屋顶能够防风与防压,如图 2-2-6 所示。

2. 鱼池

(1)鱼池结构与面积。鱼池的结构多为混凝土、砖混或玻璃钢结构。循环过滤水养鱼一般采用小面积鱼池和鱼槽, 10～20 m² 为宜。鱼池面积过大,水体就不容易均匀交换,而且投饵面积大,鱼不容易均匀摄食,同时大池周转不便,机动灵活性较小。

(2)鱼池水深。鱼池水深一般以 1 m 左右为宜。水体过深,底层水体就不易得到交换。因此世界多数国家鱼池设计高度一般在 1～1.5 m,水深保持在 0.6～1.0 m。由于鱼苗游动能力较差,育苗池需要浅些,一般水深在 0.4～0.6 m。

(3)鱼池形状。鱼池的形状有长方形、正方形(图 2-2-7)和圆形(图 2-2-8)、八角形(图 2-2-9)等几种形状。

一般采用长方形。长方形和正方形鱼池具有容易布局的优点,对地面的利用率也较高,这种形状的池子即使在流水交换量较大的情况下,池内仍有缓流区,水体的交换也较均匀,且结构简单,施工方便。

圆形鱼池的特点是用水量少,中央积污、排污,无死角,鱼和饵料在池内分布均匀,生

（a）拱形车间

（b）钢架屋顶

（c）车间采光

图 2-2-6   养鱼车间

（a）长方形鱼池

（b）正方形鱼池

图 2-2-7   长方形和正方形鱼池

产效益较长方形好,但对地面利用率不高。

八角形鱼池的特点是兼有长方形池和圆形池的优点,结构合理,池底呈锅底形,池中央为排水口,进水管沿池周切向进水,使池水产生切向流动而旋转起来。

图 2-2-8 圆形鱼池

图 2-2-9 八角形鱼池

（4）鱼池进排水。

进水。循环过滤水鱼池的进水，一般设计为管道和明渠。在养鱼车间内通常两者结合。在过滤池出口到鱼池常采用管道，向每个鱼池供水常采用明渠，这样，净化加温水有一定落差流进鱼池，起到增氧作用。

排水。鱼池排出的循环水，通过拦鱼设施，流进排水沟。鱼池的出水一般有上出水口和下出水口，在一定流量和较大容纳密度的情况下，上、下出水口对排污的作用基本相似，在换水和清洗鱼池时，可用下出水口排水。

（二）水质净化处理系统

水质净化处理系统是整个循环水工厂化养鱼中的核心。整个水质处理系统包括以下环节：去除固体废弃物、去除水溶性有害物质、杀菌消毒、增氧、调温和水质测控。

循环水养殖用水的处理不同于工业和环保上的高浓度水处理，也有别于自来水厂和饮用水的深度处理，它是介于上述两者之间的低浓度处理类型，其处理技术和装备有它自身的特殊性，除清除氨氮、亚硝酸盐等外，对鱼类所需的水中溶解氧、适宜温度、病害防治等都有特定的要求，而且受投入产出比的限制，对装备的体积、使用可靠性和经济性都有不同于其他行业的特殊要求。循环水养殖水处理系统工艺流程如图 2-2-10 所示。

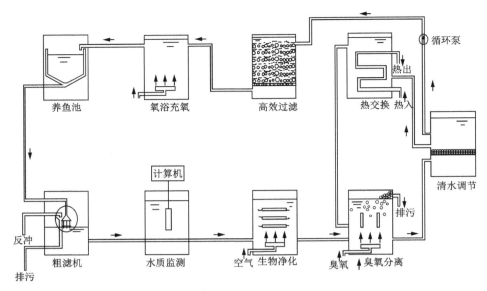

图 2-2-10　循环水养殖水处理系统工艺流程图

1. 固体废弃物的去除

一般传统的静水养鱼池塘中,每年自净后的沉积淤层厚度有 10 cm 之多。循环水养鱼的单位密度相对要高,产生的固体废弃物量更大,其中包括鱼类残饵及其他纤维、片块状杂物,其颗粒大小分布范围较广,大部分颗粒直径在 0.02～1 mm,相对密度小于 1.1 g/cm^3,有机物含量占 80% 左右。循环水养殖的循环系统中首先要将其及时清除,这样才能减轻后道工艺环节的负荷并防止堵塞。比较有效的是采用固体颗粒和悬浮溶质二步法去除,大固体颗粒采用沉淀法,小固体颗粒和悬浮溶质采用筛滤器和泡沫分离器去除。

（1）滤床过滤。采用滤床过滤是过滤固体颗粒的一种常用方法。滤床过滤又可分为顺过滤和逆过滤两种方法。顺过滤是指水从上层流向下层［图 2-2-11（a）］;逆过滤是指水从下层流向上层［图 2-2-11（b）］。两种方法的过滤效果差不多,但是顺过滤易堵塞,逆过滤难以除去固体物质。

（a）顺过滤

（b）逆过滤

图 2-2-11　滤床过滤

（2）筛滤过滤。筛滤过滤是指利用筛网过滤固体废弃物的一种方法。筛滤过滤和砂滤器相比，其在体积、安装和反冲洗操作方面具有优越性。筛滤过滤可分为固定筛滤过滤器和旋转筛过滤器两种方法。

固定筛滤过滤器［图2-2-12（a）］。固定筛滤过滤器就是快开式除污器，外形呈圆筒状，内安置网篮，篮内设有筛网，水体流经筛网，大于网眼的固体物质被滤截，而清洁的滤液则由过滤器出口排出。当需要清洗时，只要将可拆卸的滤筒取出，处理后重新装入即可。网孔根据不同水域养殖需求不同，可配置60～200目/寸不等的规格。固定筛滤过滤器的特点是安装方便、操作简单。

旋转筛过滤器［图2-2-12（b）］。旋转筛过滤器有圆状旋转筛、链式移动筛和振动筛等形式。圆状旋转的筛网一部分浸没于水中，水流经旋转的筛网内面而滤杂，在水面以上部分的筛网内侧安置有排污槽，筛网外侧对应处设喷嘴组，自动反冲洗时，喷嘴高压水将网内滤出的固体物质冲入下方的排污槽并裹带排出。旋转筛过滤器的特点是可持续工作，防堵性能好。

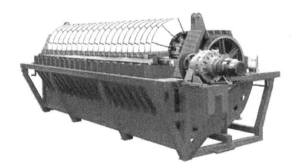

（a）固定筛滤过滤器　　　　　　　　　（b）旋转筛过滤器

图2-2-12　筛滤过滤

（3）自动清洗过滤器（图2-2-13）。自动清洗过滤器是一种综合了固定筛滤过滤器和旋转筛过滤器性能优点的新型全自动过滤器。外壳结构形状类似快开式除污器，内部配置有电动机带动的不锈钢刷，工作时不锈钢刷围绕滤网内壁旋转，刷除附着在网表面的滤出物，然后由排污阀受控排除。也可采用吸吮扫描器代替不锈钢刷，扫描器的吸口在旋转中可吸吮微粒杂质而将其排除。自动清洗过滤器的特点是反冲洗时不断流，排污量极少。可根据压差或定时控制进行清洗排放。适用于大过滤面积的过滤系统，是目前养殖工厂较为先进的筛网过滤器。

（4）泡沫分离器（图2-2-14）。泡沫分离技术是近十几年发展起来的新型分离技术之一。泡沫分离是根据吸附的原理，向被处理水体中通入空气，使水的表面活性物质被微小气泡吸附，并随气泡一起上浮到水面形成泡沫，然后分离水面泡沫，从而达到去除废水中溶解态和悬浮态污染物的目的。人们通常把凡是利用气体在溶液中鼓泡，以达到分离或

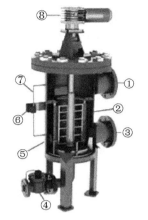

① 入水口
② 滤网
③ 出水口
④ 排污开关
⑤ 不锈钢刷
⑥ 压盖开关
⑦ 控制电路
⑧ 电力马达

图 2-2-13　自动清洗过滤器

图 2-2-14　泡沫分离器

浓缩目的的这类方法总称为泡沫吸附分离技术,简称泡沫分离技术。泡沫分离器对低浓度养殖水体特别有效,既排除蛋白质等产生氨氮的源头又可增氧,注入臭氧后效果更佳。

2. 水溶性有害物质的去除

固体废弃物去除后,循环系统中的水溶性物质主要以"三氮"(氨态氮、亚硝酸盐氮、硝酸盐氮)形式存在。

氨氮的毒性很高,它能通过鳃和皮肤很快进入养殖生物的血液,干扰养殖生物正常的三羧酸循环,改变其渗透压以及降低其对水中氧的利用能力,影响其生长。

亚硝酸盐氮能迅速渗透到鱼体,使血液中和氧结合的亚铁血红蛋白失活,使之成为铁血红蛋白,从而失去携氧功能,严重时危及生命。

硝酸盐氮一般被认为无毒或毒性很小。近来研究表明,硝酸盐氮浓度高时会使鱼体色变差,肉质下降。

三氮的去除方法采用生物技术处理,主要有生物包及浸没式生物过滤罐、滴流滤槽和水净化机等。

　　生物包的核心内容是将系列硝化细菌等菌种,接种于塑料基质上,形成生物包,如图 2-2-15 所示。

（a）生物球

（b）生物陶环　　　　　　　（c）生物毡

图 2-2-15　生物包

　　养殖污水流经生物包时,其中的有机物被生物包吸附,并进行氧化分解,产生的无机物和二氧化碳等随着流动的水向外排放,养殖水中的氨可被硝化细菌进一步氧化为硝酸。反应所消耗的氧气由风机等增氧设备补充。

　　同时,微生物本身则在分解有机物过程中以有机物为营养源大量繁殖,故生物包厚度不断增加。达到一定的厚度,生物包内层由于得不到充足的氧气,逐渐老化。老化的生物包从基质表面脱落,随水流入沉淀池(或作为生物饵料)。基质上再重新长出新的生物包。如此不断更新,完成养殖水净化过程。

　　基本反应式如下:

好氧微生物 + 有机物 + O_2 → 更多的微生物 + CO_2 + H_2O + NH_3

硝化细菌 + NH_3 + O_2 → 更多的硝化细菌 + NO_3^- + H_2O

$2NO_2^- + O_2 → 2NO_3^-$ + 能量

　　养殖水体中如果没有硝化细菌存在,必然会面临氨含量激增的危险,不论你采取何种方法都不能彻底解决这个问题。因为氨是剧毒物,只要水质偏向碱性,一部分的铵就会自然地转化成氨,当水中的氨浓度达到养殖生物的致死浓度时,造成重大意外的损失也就不足为奇了。但如果养殖水体中含有足够数量的硝化细菌不断地清除水中的铵,则整个养殖水体生态平衡系统的稳定性将可得到保证,并使养殖水体中的生物安全地生长。

（1）浸没式生物过滤罐。

罐体为衬胶碳钢或缠绕式玻璃钢,罐内布置空气扩散器和生物填料(蜂窝状塑料、人造水藻、陶瓷环等),组成生物包,如图2-2-16所示。其特点是滤料全部浸没在水中,生物膜所需的氧气由水流带入,一般呈单元组布置。为增加处理效果应添加有益净水菌种,如硝化菌及亚硝酸还原酶和硝酸还原酶等。

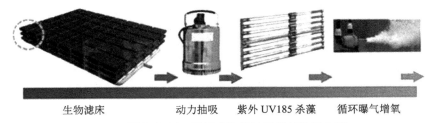

生物滤床　　　　动力抽吸　　紫外UV185杀藻　循环曝气增氧

图2-2-16　浸没式生物过滤器结构示意图

（2）滴流滤槽(器)。

滴流滤槽结构与浸没式滤罐相似,两者体积比1∶2,以滴洒的形式承接浸没式滤罐的滤后水。上进下出,控制水位,使滤料(生物滤球)处于潮湿的状态,水中气态废物(氮气、二氧化碳、一氧化碳、氨氮)在滴滤中溢出,如图2-2-17所示。

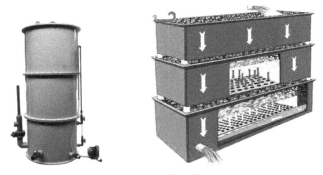

图2-2-17　滴流滤槽

（3）水净化机。水净化机结构主要包括生物转盘、生物转球和生物转筒,如图2-2-18所示。其原理是利用微生物吸附,形成生物膜,通过在空气和水中交替转动,既起到增氧作用,又可对有害的氨氮、亚硝酸盐进行吸收消化,部分有机物在酶的作用下,直接合成为微生物体内的有机物,从而净化了水体,这类装置具有浸没式过滤和滴流过滤的功能。

（4）鱼菜共生。在养鱼循环系统中串联栽培盘,进行蔬菜和花卉的无土栽培,利用植物根系对硝酸盐的吸收作用而除掉硝酸盐氮,如图2-2-19所示。这是目前解决全封闭养殖系统中氮循环的最有效的关键技术。

3. 杀菌消毒

在养殖水处理中还有一个环节是杀灭细菌。这些致病菌和条件致病菌不仅要消耗大量的氧气,在一定的条件下还会引发鱼病。循环水养鱼中较多采用物理法处理。杀菌消

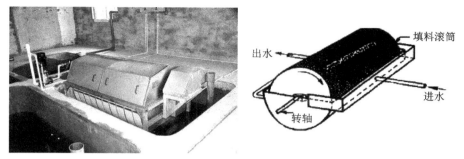

图 2-2-18　填料滚筒式生物过滤器（水净化机）

图 2-2-19　植物过滤

毒采用的装备主要有臭氧发生器、紫外线杀菌器和脉冲强光杀菌等。

（1）臭氧发生器（图 2-2-20）。臭氧发生器是根据放电的原理产生臭氧，即将净化的空气通过发生器的高压放电环隙，被激发分解成氧原子，氧原子和氧分子（或三个氧原子）结合生成臭氧（O_3），臭氧处于一种极不稳定的状态，会很快还原成氧气，还原期间有强烈的氧化能力，能迅速地与细胞壁、膜、脂质结合反应，破坏分解细胞，起到杀菌作用。

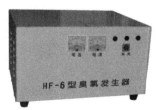

图 2-2-20　臭氧发生器

臭氧比氧重 1.5 倍，能增加水中溶解氧值（速率大于氧气向水中的溶解）和调节水的 pH，特别是与紫外线组合使用，可较大地降低 BOD（生化需氧量）、COD（化学耗氧量）值，使亚硝酸盐达到很低限度，将氨氮转化为硝酸盐，改善养殖水质。

臭氧发生器的杀菌效率优于氯气和次氯酸钠。工厂化养殖的运用中,应根据具体养殖对象和水质条件确定投加量,一般养殖维护浓度 0.08～0.2 mg/L,治病浓度 1～1.5 mg/L。残余臭氧的泄漏问题可通过重复循环、活性碳吸附和加热方法解决。

臭氧发生器与泡沫分离器一起使用,如图 2-2-21 所示,将起到事半功倍的效果。泡沫分离器的桶身此时充当臭氧混合器的角色,臭氧将最大限度地溶解于水中而尽可能减少浪费。

图 2-2-21   臭氧发生器与蛋白分离器组合

（2）紫外线杀菌器。紫外线杀菌器有紫外线灯、悬挂式和浸入式紫外线杀菌器等,如图 2-2-22。它们均可发射波长约 260 nm 的紫外线以杀灭细菌、病毒或原生动物。紫外线杀菌具有灭菌效果好、水中无有毒残留物、设备简单、安装操作方便等诸多优点,目前已得到广泛应用。

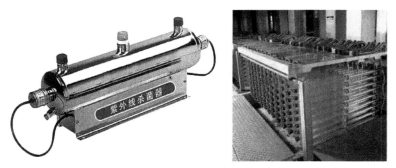

图 2-2-22   紫外线杀菌器

（3）脉冲强光杀菌器（图 2-2-23）。脉冲强光杀菌是在现有成熟的加热、辐照、紫外线、臭氧方法外的一种杀菌新方法。每个光脉冲能量 600～2 200 J,宽度小于 800 μs,30 个光脉冲使大肠杆菌减量 5 个数量级,40 个可使蛋白酶的活力钝化 90%。

4. 增氧

循环水养殖系统中,鱼池、泡沫分离、生物过滤均需要大量氧气,装备较多采用罗茨风

图 2-2-23 脉冲强光杀菌器

机和旋涡式充气机,其中三叶式罗茨风机有较好的平稳性和低噪音效果(图 2-2-24)。叶轮式增氧机由于增氧效率高、结构简单、使用方便,在水质调节池和养鱼工厂二级池中有较好的用途。

(a)罗茨风机　　　　　　(b)旋涡式充气机　　　　　(c)三叶式罗茨风机

图 2-2-24 增氧系统常用装备

另外,因高溶解氧养殖的良好效果,纯氧、液态氧和分子筛富氧装置(纯度达到80%以上)也逐渐得到推广应用,用途之一是为臭氧发生器提供气源,增加臭氧量(空气中氧的利用率只有20%左右)。为提高氧气的利用率,使水体溶解氧达到饱和与超饱和,可采用高效气水混合装置,其采用射流、螺旋、网孔扩散等气水混合技术,并串联内磁水器,通过罗仑磁力作用,使水气分子变小,更易混合,同时有杀菌、防腐作用。该装置也可用于臭氧的气水混合。

5. 调温

在水质净化处理系统中的调温环节是循环过滤水养鱼的重要手段,通过加温能使鱼类始终生长在最适宜的水温内,从而达到快速生长的目的。根据加温对象的不同,可分为水体加温和空气加温两种方式。

(1)水体加温。水体加温常用的方法有电能、锅炉供热、太阳能和热泵热水器等。

电能加温主要设备有电热板、电热棒和电热丝等,如图 2-2-25 所示。电能加温使用方便,容易控制,但耗电量大,成本高。

锅炉加温,即用锅炉产生的蒸汽或热水,对循环水体直接和间接加温,如图 2-2-26 所示。其特点是设备投资高,生产成本低,工艺可靠,使用广泛。

|（a）石墨电热板|（b）碳晶电热板|（c）加热棒|

图 2-2-25　电能加温设备

图 2-2-26　锅炉加温设备

太阳能加温，即在屋面安装可移位的太阳能接受器对循环水加温，如图 2-2-27 所示。此种加温方式采用的是高新技术，外国应用较多，国内目前处于研究试验阶段。其最大特点是生产成本低。

图 2-2-27　太阳能加温

热泵热水器是目前全世界开拓利用新能源最好的设备之一，是继锅炉、燃气热水器、电热水器和太阳能热水器之后的新一代热水制取装置，如图 2-2-28 所示。在能源供应日益紧张的今天，空气能热泵热水器凭借其高效节能、环保、安全等诸多优势迅速在市场上得以推广。国外同类产品已相当成熟，在发达国家的利用比例已达 70%。在我国，空气能热泵热水器同样具有巨大的市场发展潜力。

（2）空气加温。空气加温主要是养鱼室内空气的加温，如图 2-2-29 所示。由于冬季

图 2-2-28　热泵热水器加温

室内、室外温差较大,室内会出现较浓的雾气;另外鱼池散发的气味不断积累,空气容易污染。因此,必须经常使室内、室外的空气进行交换,同时还要保持室内的温度。所以必须对空气加热,常用空调器加温调节空气。

图 2-2-29　空调

6.水质监测

循环水养殖系统整体功能的发挥和效果体现将有赖于水质的监测和调控。采用现代化的自动监测系统能对水质进行全程监测和调控,实现自动检测、报警和自动启动相关设备调控。水质监测具有如下特点:养殖的品种和规格不一,水体和循环系统较多独立,受测工位也多;鱼池(槽)一般连片布局,各检测点分散;养殖水质参数变化是一个逐渐的过程,检测时间限度较宽等。

水产养殖中常用到水质测定仪和在线监测系统等装备(图 2-2-30)。水质测定仪适用于水产养殖业用水的检测,以便控制水的 pH、亚硝酸盐、氨氮、溶解氧、水温、盐度达到规定的水质标准。在线监测系统可以进行全程监测和调控。

(三)自动控制系统

循环过滤水养鱼系统的机电设备(空调器等)和监测仪表(水温、水位、水质)应进行集中控制和管理,对于重要的水质因子(水温、pH、溶解氧等)应进行连续自动记录和报警,这样才能满足生产的需要。

各种电气设备应有过电流保护和自动控制装置,能达到超载和短路自动停车,启动和

（a）水质测定仪

（b）在线监测系统

图 2-2-30 水质监测

关闭由仪表或微机自动控制,如图 2-2-31 所示。鱼池、加温池、曝气过滤池等的水质因子装有显示记录和报警装置,这样可随时掌握鱼的生长情况和水质条件。此外,工厂化循环水养殖自动控制系统中还涉及自动投饵和自动监控系统等。

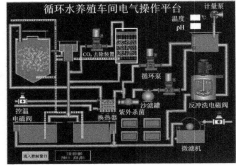

图 2-2-31 自动控制系统

任务实施

任务内容:封闭循环水养殖工厂的构建。

采用的循环流水养鱼工艺流程系统参考图 2-2-32,具体实施步骤如下。

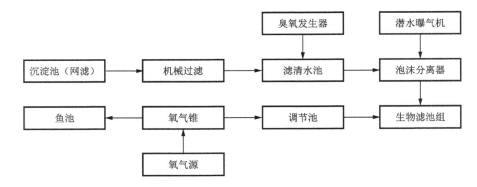

图 2-2-32 循环流水养鱼工艺流程

1. 养殖工厂的选址

选择一个环境较为安静、水资源充足、周围无污染、交通通电便利、公共配套设施齐全的地点,养殖工厂的地址选择应符合 GB/T 18407.4—2001《农产品安全质量 无公害水产品产地环境要求》的规定。

取水水源和水质应符合 GB 11607—89《渔业水质标准》的规定。若采用的水源为海水,则应符合 NY 5052—2001《无公害食品 海水养殖用水水质》要求。

2. 养殖车间

根据所养殖地址及养殖规模,合理建设养殖车间。具体的车间结构参见知识准备中的"鱼池系统"部分内容,应注意的是车间应结构牢固,屋顶能够防风与防压,采光良好。

3. 各水池的建造及水流循环过程

合理安排鱼池、沉淀池、滤清水池、调节池的位置和顺序布局,以便各个水池之间进行水的循环交换,同时方便各个水池所需设备的安装和使用。以只有一个鱼池(养殖池)为例,可将鱼池、沉淀池、滤清水池、调节池布局成"田"字形,以便鱼池与沉淀池、沉淀池与滤清池、滤清池与调节池、调节池与鱼池间的水交换。

(1)鱼池的面积可采用 $20 \sim 50 \text{ m}^2$,深度 $60 \sim 100 \text{ cm}$,池底建成圆锥状,坡度 $3\% \sim 10\%$,池底中央设置排水口,排水口安装多孔排水管。进水管沿池壁切向进水,以便将池底残饵、粪便冲到排水口,及时排污。

(2)鱼池的排水管引入沉淀池,利用涡流旋转沉淀原理迅速将粪便、残饵排出系统,保证水质不进一步腐败。

(3)沉淀池的水经过粪便、残饵排出过滤等沉淀处理后流入滤清水池,在滤清水池中进一步经杀菌、消毒、曝气、泡沫分离器处理后进入生物滤池中,然后充分利用生物分解有机物,有机物分解的产物被水生植物吸收、利用,使含氮物质得到充分转移、利用,并且脱离养殖体系。

(4)然后将经生物处理后的水排入调节池,在调节池中进行增氧、调温、测试合格,最后通过鱼池的进水管引入鱼池中,形成一个循环。

4. 水质净化处理设施安装

(1)固体废弃物设施的安装。固体废弃物设施安装在沉淀池中,主要处理的是固体废弃物,包括鱼粪、残饵及其他杂物等,可根据实际产生的固体废弃物数量及类型,选择安装滤床、筛滤、自动清洗过滤器或泡沫分离器。

(2)杀菌消毒设施的安装。将臭氧发生器安装于滤清水池中。

(3)去除水溶性有害物质设施的安装。将泡沫分离器、潜水曝气机安装于滤清水池排水口,或生物滤池组的入水口。

(4)增氧、调温设施的安装。在水进入调节池中安装增氧及调温设备。

(5)将上述涉及自动检测或控制的控制系统连接并集中安装到总控室。

5.养殖管理

具体的养殖管理参考本项目的任务 1 实施部分内容。

表 2-2-1   任务评价表

任务实施项目	操作步骤	要求	分值	学生自评	教师评分
养殖选址	安静、水资源充足、周围无污染、交通通电便利、公共配套设施齐全	养殖选址符合相关原则和要求 养殖车间及各个水池的建造合理、使用方便 能够正确将各个设施装备安装至相应的位置 掌握养殖管理的各项工作	5 分		
养殖车间	车间结构牢固,屋顶能够防风与防压,采光良好		10 分		
各水池的建造	鱼池 沉淀池 滤清水池 生物滤水池 蓄水池 废水池		25 分		
水质净化处理设施安装	固体废弃物过滤设备,如滤床、筛滤、自动清洗过滤器、泡沫分离器 水溶性有害物质去除设备,如生物过滤罐/槽、水净化机、泡沫分离器、潜水曝气机 杀菌消毒设备,如臭氧发生器增氧、调温设备,如增氧机、调温锅炉、加热器等		40 分		
养殖管理	鱼种放养 饲养管理,流水调节、水质调控、水温调控、pH 调控、投饲等 病害防治 收获	养殖选址符合相关原则和要求 养殖车间及各个水池的建造合理、使用方便 能够正确将各个设施装备安装至相应的位置 掌握养殖管理的各项工作	20 分		
总分			100 分		

任务习题

（1）什么是封闭循环水养殖？

（2）循环水养殖系统都包括哪些系统？

（3）鱼池系统的建造要求有哪些？

（4）什么是水质净化处理系统？它都包括哪些环节？

（5）请简述水质净化处理系统各环节的作用及所采用的设备。

（6）自动控制系统的作用是什么？

（7）请设计一个循环流水养鱼工艺。

任务 2-3 鱼菜共生

通过任务 2-2 的学习,我们知道循环水养殖的核心在于水质净化处理,水质净化处理的重点又在于鱼粪、残饵固体废弃物及水溶性有害物质的去除。其中,水溶性有害物质可以通过菜或花卉等植物的根的吸收去除。我们又想到鱼粪、残饵固体废弃物对于菜或花卉等植物来说是一种养料。那么,我们是否可以将菜或花卉的栽培引入鱼的养殖过程中呢?

知识准备

一、鱼菜共生的基本知识

1. 鱼菜共生的定义

鱼菜共生是一种新型的复合耕作体系,它把水产养殖与水耕栽培这两种原本完全不同的农耕技术,通过巧妙的生态设计,达到科学的协同共生,从而实现养鱼不换水而无水质忧患,种菜不施肥而正常成长的生态共生效应。鱼菜共生让动物、植物、微生物三者之间达到一种和谐的生态平衡关系,是可持续循环型零排放的低碳生产模式,更是有效解决农业生态危机的最有效方法。

2. 鱼菜共生的原理

在传统的水产养殖中,随着鱼的排泄物积累,水体的氨氮增加,毒性逐步增大。而在鱼菜共生系统中,鱼粪与残饵等将被输送到水培栽培系统,在转换为氨后由细菌将水中的氨氮分解成亚硝酸盐然后被硝化细菌分解成硝酸盐,硝酸盐可以直接被植物作为营养吸收利用,如图 2-3-1 所示。

同时,鱼产生的排泄废弃物为植物生长提供充足的养分,植物净化吸收的水又可作为养殖水返回鱼池,循环往复。蔬菜可以从循环的饲养水中汲取大量的营养物质,同时,水在循环中也得到了无机盐与固态物的吸收净化,待返回鱼池时,水质已得到生物过滤与净化。

3. 鱼菜共生的优点

(1)鱼菜共生中菜的种植方式可自证清白。因为鱼菜共生系统中有鱼存在,任何农药都不能使用,稍有不慎会造成鱼和有益微生物的死亡和系统的崩溃。

(2)鱼菜共生脱离土壤栽培,避免了土壤的重金属污染,因此鱼菜共生系统中蔬菜和鱼的重金属残留都远低于传统土壤栽培。

(3)鱼菜共生系统中,蔬菜有特有的水生根系,如果鱼菜共生农场带着根配送的话,

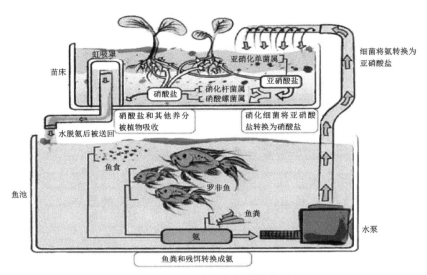

图 2-3-1　鱼池共生中氨的转换过程

消费者很容易识别蔬菜的来源,避免消费者产生这个菜是不是来自批发市场的疑虑。

二、鱼菜共生的发展

尽管人们对鱼菜共生最早在哪里出现有争议,但在历史中的确能找到其存在的痕迹。在古代,我国南方和泰国、印度尼西亚等东南亚国家就有稻田养鱼的历史,养殖的种类包括鲤鱼、鲫鱼、泥鳅、黄鳝等。比如浙江丽水稻田养鱼,距今已有 1 200 多年历史。

由于受困于干旱缺水的气候条件,20 世纪 70 年代以来,澳大利亚的园艺爱好者们成为鱼菜共生早期的先行者,借助互联网的开放性,在世界各地播下了火种。在知识和经验分享的过程中,鱼菜共生园艺得到快速发展,逐渐成为一场全球性的活动爱好。

维尔京群岛大学的詹姆斯·瓦克斯(James Rakocy)博士和他的同事们从 1979 年起开始研发一种基于深水栽培(deep water culture)的大型鱼菜共生系统。之后,世界各国多个大学逐步开展相关技术研究,探索大规模鱼菜共生农业生产的技术方法。联合国粮食及农业组织也把小型鱼菜共生系统作为可持续农业模式向全球推荐。

近几年,规模化的鱼菜共生系统逐步在世界各地建设投产,室内的鱼菜共生工厂也开始出现。当前,整个鱼菜共生家庭园艺和农业产业正在快速发展。发展趋势如下:① 由小规模生产变成目前大规模的产业化发展模式;② 由简易的组合设施变成现在的专业化设施;③ 由简单的半人工控制变成现在的全自动智能化控制;④ 由单一的模式变成了现代高科技种植与养殖全面结合的多种模式。

任务实施

任务内容:鱼菜共生工厂化模式的构建。

鱼菜共生工厂化模式的构建主要包括鱼的养殖和蔬菜的种植两大部分内容。其中鱼的养殖主要包括养殖池、循环管道和增氧系统的构建;蔬菜的种植主要是无土栽培技术。

1. 鱼的养殖

（1）养殖池。养殖池的发展经历了以下历程，由最初的水泥池，到近几年的 PVC 塑料大桶（图 2-3-2 左），再到目前最为简易的铁丝网围栏桶（图 2-3-2 右）。

图 2-3-2　养殖池

（2）循环管道。在循环管道系统中，水的来源主要包括外环境引入的新水和经滤化后的清水。这两者可以用三通合并后由同一管道（注水管）注入养殖池。在三通分叉处安装电磁阀，以实现自动控制。如图 2-3-3 所示。

（3）增氧系统。

增氧的设计有多种方式方法：

水流冲溅增氧法：是指利用高位回流造成的水流冲溅增氧的一种方法，该方法效率不高，但对于养殖密度不高的系统还是一种最为简易的设计。

充气泵增氧法：是指在养殖桶或池的池底均匀排放增氧砂头，以实现气泡式的曝气增氧。

气液混合技术：是一项超饱和溶解氧技术，它在回流水或提水入池的管道上分装一个气液混合泵在回流过程中溶入微气泡的高压空气或氧气，可以使水体达到超饱和溶解氧状态，对鱼及菜的生长起到极为有效的促生效果。

固体氧：往水中投入过氧化钙或过碳酸氢钠，具有缓慢释放之功能，对水体溶解氧可以起到长期调节的作用。

2. 蔬菜的栽培

在鱼菜共生系统中，蔬菜植物采用的是无土栽培技术，主要就是利用水循环系统中存在的营养元素作为肥水，把水中的富营养化物质得以净化，同时又通过基质的物理过滤，使原本受污的排泄水变得清澈无害化，为鱼的高密度养殖创造可循环利用的净化水，从而实现了鱼与菜之间的共生共营关系，达到最佳的生态效果与经济效益。

鱼菜共生的无土栽培技术与单纯的无土种植技术类似，分为漂浮式水培、NFT（营养液膜技术）水培、惰性固态基质水培、气雾栽培等。

（a）基质栽培循环管道

（b）无土栽培循环管道

图 2-3-3 循环管道

图 2-3-4 漂浮式水培

（1）漂浮式水培（图 2-3-4）。漂浮式水培是一种新型的复合耕作体系，它把水产养殖与水耕栽培这两种原本完全不同的农耕技术，通过巧妙的生态设计，养殖的排泄物被植物吸收，达到科学的协同共生。

（2）NFT 水培（图 2-3-5）。NFT 是近二三十年来在全球兴起的一种无土栽培方式，

（3）立足于家居环境更趋于观光休闲与特色种养殖的功能，可以在系统中养殖或种植各种各样的鱼类与植物，把庭院建成美化与生产体验为一体的菜园、花园或果园；是一种最适合城市耕作或者阳台楼顶进行生态绿化的新技术、新方法。庭院不仅成为农业生产基地又使阳台楼顶得以美化，具有极好的市场前景与社会效益。

图 2-3-8　庭院式的鱼菜共生模式

任务习题

（1）什么叫鱼菜共生？

（2）鱼菜共生的原理是什么？

（3）如何进行鱼菜共生的工厂化构建？

（4）请设计一个庭院式鱼菜共生模式。

项目三　大水体循环养殖

本项目主要介绍大水体循环养殖技术、循环水养殖系统的优势及发展两大部分内容。其中，大水体循环养殖技术部分中详细介绍了大水体循环养殖的概念、工艺流程、特点，以及大水体循环养殖水体生物净化、循环水体工程和增氧等内容；在循环水养殖系统的优势及发展部分中详细介绍了循环水养殖系统的优势、循环水养殖系统发展的制约因素、发展趋势、现实意义和发展过程等内容。本项目旨在让同学们了解掌握大水体循环养殖相关技术、循环水养殖系统的发展和制约因素等，为日后从事相关行业提供基础技能和思路。

学习目标

【知识目标】

（1）掌握大水体循环养殖的概念、特点及系统构成。

（2）掌握大水体循环养殖系统的工艺流程、水体生物净化、循环水体工程和增氧。

（3）掌握循环水养殖系统的优势和制约因素。

（4）了解循环水养殖系统的发展趋势、现实意义和发展过程等。

【技能目标】

（1）能够掌握大水体循环养殖技术。

（2）能够掌握循环水养殖项目的立项流程。

工作任务

任务 3-1：大水体循环养殖。

任务 3-2：循环水养殖系统的优势及发展。

任务 3-1　大水体循环养殖

在项目二中,我们重点学习了循环水养殖等工厂化养殖的相关技术,知道了封闭式循环水养殖的养殖池是在工厂内建造的,一般都比较小($30\sim50\ m^2$),也掌握了循环水养殖的核心在于水质净化处理。那么,我们是否可以利用自然形成的湖泊、河流或现有大型池塘,加上水质净化处理技术,使之形成一个循环水养殖系统(大水体循环养殖)呢?我想答案是肯定的,办法总比困难多!

知识准备

一、大水体循环养殖的概念

大水体循环养殖(图 3-1-1)是指利用人工湿地或生物净化塘集中处理并调节水质,使养殖水体得到有效的净化,净化的养殖水通过渠道流回养殖塘,实现养殖水体净化的目的。

通过配置好水生维管束植物、水生底栖动物、水生经济动物,构建成一个和谐、稳定、健全、健康的并能发挥最大生态效益的水生生态系统。

大水体循环养殖主要包括循环水工程,集中处理并控制水质,增氧以及水体生物净化等方面。

图 3-1-1　大水体循环养殖

二、大水体循环养殖的特点

(1)通过构建净化塘和生态沟渠等净化区作为水处理设施,对池塘养殖水实施水质净化,实行循环水养殖,大幅减少养殖用水的排放,保护了水域生态环境。

(2)养殖尾水经过生态净化湿地系统处理后,可将水体中污染物去除或固定,有效地改变排放水质,大量消减污染物,减少了养殖生产水源污染,减少了对环境的危害,实现了水的循环利用,达到了水体修复的目的,杜绝了外源水污染给养殖生产带来不可估量的损失。

（3）大大减少了外源病害的侵袭，从而大幅减少了养殖生产中的用药量，降低了生产成本；同时优质的水源以及用药量的减少极大地提高了水产品的品质。

三、大水体循环养殖的系统组成

大水体循环养殖的主要工艺流程是采用循环水工程和水体生物净化技术，将池塘水经排水渠道流经人工湿地，经净化流入进水渠道进一步净化、增氧等处理，经水质检测，流回池塘，即包括水体生物净化、循环水工程、增氧等系统环节。

1. 水体生物净化

水体生物净化，主要利用水中的一些水生植物、浮游生物等之间的相互作用达到净化水质，提高水体透明度的目的。水体生物净化确切的说就是指水体中的污染物经生物的吸收、降解作用使污染物消失或浓度降低的过程。

大水体循环养殖的水体生物净化是指利用人工湿地进行净化的一种方法。人工湿地有人工潜流湿地和表面流湿地等形式，如图 3-1-2 所示。潜流湿地以基料（砾石或卵石）与植物构成，水从基料缝隙及植物根系中流过，具有较好的水处理效果。表面流湿地如同水稻田，让水流从挺水性植物丛中流过，以达到净化的目的。其建设成本低，但占地面积较大，一般采取潜流湿地和表面流湿地相结合的方法。人工湿地在循环系统内所占的比例取决于养殖方式、养殖排放水量、湿地结构等因素，湿地面积一般为养殖水面的10%～20%。

　（a）表面流湿地　　　　　　　　　　　　　　（b）人工潜流湿地

图 3-1-2　人工湿地

2. 循环水工程

循环水工程包括进排水渠道、人工湿地。池塘水经排水渠道流入人工湿地，再经进水渠道流回池塘，形成池塘循环水养殖模式。

进水渠道一般为生态渠道。生态渠道有多种构建形式，其水体净化效果也不相同。目前一般是利用回水渠道通过布置水生植物、放置滤食或杂食性动物构建而成；也有通过安装生物刷、人工水草等生物净化装置以及安装物理过滤设备等进行构建的，如图 3-1-3 所示。

（a）布置水生植物

（b）生物刷 （c）人工水草

图 3-1-3 循环水工程

3. 增氧

增氧主要是为了加强水中的含氧量，以便达到生理的正常需要，并及时关注水中的氧气变化情况，及时增减氧气的含量。

任务实施

任务内容：大水体循环养殖系统的构建。

1. 鱼塘(养殖池)的建造

鱼塘(养殖池)的选址应符合区域规划发展计划，合理地确定池塘养殖池的规模和养殖品种，充分考虑建设地区的水文、水质、气候等因素。养殖场的建设规模、建设标准以及养殖品种和养殖方式也应结合当地的自然条件来决定。

水源、水质条件应符合 GB 11607—1989《渔业水质标准》，土壤、土质要求保水力强，pH 低于 5 或高于 9.5 的土壤地区不适宜建造鱼塘。建设区还需有良好的道路、交通、电力、通讯、供水等基础条件。

鱼塘的形状一般为长方形，长宽比一般为 2:1～4:1。池塘的面积可根据养殖规模而定，成鱼池面积一般为 0.33～1.33 hm^2，鱼种池面积一般为 0.13～0.33 hm^2，鱼苗池一般为 0.07～0.13 hm^2。池塘塘埂一般用匀质土筑成，埂顶的宽度应满足拉网、交通等需要，一般在 1.5～4.5 m 间。鱼塘水深一般不低于 1.5 m。护坡具有保护池形结构和塘埂的作用，但也会影响到池塘的自净能力。池塘进排水等易受水流冲击的部位应采取护坡措施。常用的护坡材料有水泥预制板、混凝土、防渗膜等。护坡结构如图 3-1-4 所示。

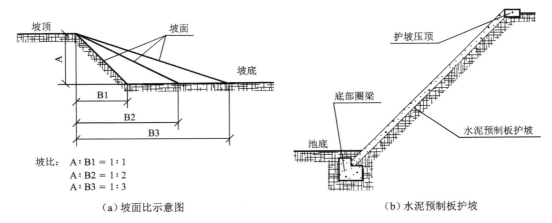

坡比：A:B1 = 1:1
　　　A:B2 = 1:2
　　　A:B3 = 1:3

(a)坡面比示意图

(b)水泥预制板护坡

图 3-1-4　护坡结构

2.人工湿地的建造

(1)人工湿地的几何尺寸。人工湿地的几何尺寸应该符合下列要求：

人工潜流湿地。人工水平潜流湿地单元的面积宜小于 800 m²，人工垂直潜流湿地单元面积宜小于 1 500 m²；人工潜流湿地单元的长宽比宜控制在 3:1 以下；规则的人工潜流湿地的长度一般为 20～50 m，对于不规则人工潜流湿地单元应考虑均匀布水和集水的问题。人工潜流湿地水深宜为 0.4～1.6 m，水力坡度宜为 0.5%～1%。

人工表面流湿地。人工表面流湿地单元的长宽比一般为 3:1～5:1，长宽比大于 10:1 时，需要计算死水曲线。人工表面流湿地的水深宜为 0.3～0.5 m，水力坡度宜小于0.5%。

(2)基质(料)。基质的填充能够提供植物和微生物生长的环境，并对污染物起到过滤、吸附的作用，包括土壤、砾石、陶砾、碎石、沙土矿渣、粉煤灰等。人工湿地基质的选择应根据基质的机械强度、比表面积、稳定性、孔隙率及表面粗糙度等因素确定。基质选择应本着就近取材的原则，并且所选基质应达到设计要求的粒径范围。对出水的氮、磷浓度有较高要求时，建议使用功能性基质，提高氮、磷处理效率。潜流湿地基质的初始孔隙率宜控制在 35%～40%。潜流湿地的基质厚度应大于植物根系所能达到的最深处。

(3)防渗设计。① 水泥砂浆或混凝土防渗：砖砌或毛石砌后底面和侧壁用防水水泥砂浆防渗处理，或采用混凝土底面和侧壁。② 塑料薄膜防渗：薄膜厚度宜大于 1.0 mm，两边衬垫土工布，以降低植物根系和紫外线对薄膜的影响。③ 黏土防渗：采用黏土防渗时，黏土厚度应不小于 60 cm，并进行分层压实；亦可采取将黏土与膨润土相混合制成混合材料，不小于 60 cm。

(4)植被的选择。人工湿地可选择一种或多种植物作为优势种搭配栽种，增加植物的多样性并具有景观效果。潜流湿地可选择芦苇、蒲草、莲、水芹、水葱、香蒲、风车草等挺水植物；表流湿地可选择菖蒲、凤眼莲、浮萍、睡莲等浮水植物和伊乐藻、金鱼藻、茨藻、黑藻等沉水植物，如图 3-1-5 所示。植被的选择可参考如下原则：① 适应当地环境，优先选择

(a)芦苇 (b)菖蒲 (c)香蒲

(d)黄花鸢尾 (e)美人蕉 (f)富贵竹

(g)凤眼莲 (h)浮莲 (i)槐叶萍

(j)美人蕉 (k)茭白 (l)风车草

图 3-1-5 人工湿地常选用的植被

本土物种;② 根系发达,输氧能力强;③ 耐污能力强,去除效果好;④ 具有抗冻、抗病虫的能力;⑤ 生长周期短,生物量大;⑥ 有经济价值或者景观效果好。

3. 循环水工程的建造

循环水工程的建造重点在于养殖池与人工湿地间的进排水处理,其主要设施是进排水渠道。在进行循环水工程的进排水渠道建造规划时应做到进排水渠道独立,严禁进排水交叉污染,防止鱼病传播;养殖场的进排水渠道一般应与池塘交替排列,一侧进水、另一侧排水,使得新水在池塘内有较长的流动混合时间。

(1)进水渠道。进水渠道分为进水总渠、进水干渠、进水支渠等;按照建筑材料不同分为土渠、石渠、水泥板护面渠道、预制拼接渠道、水泥现浇渠道等;按照渠道结构可分为明渠、暗渠等。

明渠一般采用梯形断面,用水泥预制板、水泥现浇或砖砌结构。明渠断面的设计应充分考虑水量需要和水流情况,根据水量、流速等确定断面的形状、渠道边坡结构、渠深、底宽等。

进水渠道的分水井一般采用闸板和预埋 PVC 拔管方式控制水流,如图 3-1-6 所示。

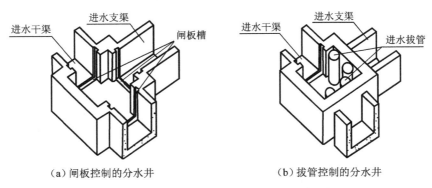

（a）闸板控制的分水井　　　　（b）拔管控制的分水井

图 3-1-6　进水渠道的分水井水流控制方式

（2）排水渠道。排水渠道一般为明渠结构,也有采取水泥预制板护坡形式。排水渠道要做到不积水、不冲蚀、排水通畅。养殖场的排水渠一般应设在场地最低处,一般低于池底 30 cm 以上。

4. 增氧

大水体循环水养殖系统中增氧环节可根据实际情况使用罗茨风机、旋涡式充气机或叶轮式增氧机。具体的安装及使用方法可以参考循环水养殖任务中的相关内容。

表 3-1-1　任务评价表

任务实施项目	操作步骤	要求	分值	学生自评	教师评分
养殖池的建造	选址	掌握养殖池的建造 掌握人工湿地的建造 掌握循环水工程的建造过程 能够根据实际情况选用合适的增氧系统	10 分		
	结构		10 分		
	进排水		10 分		
人工湿地的建造	结构形状	掌握养殖池的建造 掌握人工湿地的建造 掌握循环水工程的建造过程 能够根据实际情况选用合适的增氧系统	10 分		
	基质/料		10 分		
	防渗设计		10 分		
	植被		10 分		
循环水工程的建造	养殖池进排水 人工湿地进排水 进排水渠道		25 分		
增氧	增氧系统		5 分		
总分			100 分		

知识拓展

1. 苏州市推进池塘循环水养殖工程

工程主要建设内容包括：通过清除淤泥、修复池埂等工程，使池塘深度适宜、池埂整齐、设施先进、环境美化；开展池塘水循环系统建设，做到进、排水沟渠分设，排灌配套；进行养殖尾水净化区建设，按照鱼虾蟹不同养殖模式要求，建设净化池，池内种植吸污力强的水生动植物；配备水质监测设备，开展养殖水质监测。通过项目实施，太湖流域渔业养殖取得了减排增效的显著效果，如图 3-1-7 所示。

图 3-1-7　养殖池塘全貌

2. 宜兴市池塘养殖循环水净化及循环利用工程

2008 年宜兴市水产指导站承担了"宜兴市池塘循环水养殖技术示范工程"项目（图 3-1-8）。建成规模 1 000 亩①，其中包括湿地净化区和生态养殖区各 500 亩。重点创建复合人工湿地与池塘生态养殖的新型水循环系统。人工复合湿地采用种草、投螺、应用微生物制剂和生态河整治改造等措施。养殖区采用清淤、晒塘、合理投饲、增氧曝气、种植水生植物等生态技术。

图 3-1-8　宜兴市池塘养殖循环水净化及循环利用工程

---

① 亩为非法定单位，但在实际生产中经常使用，本书保留。1 亩 ≈ 666.7 平方米。

任务习题

（1）什么叫大水体循环养殖？

（2）大水体循环养殖系统都包括哪些？

（3）简述大水体循环养殖系统的工艺流程。

任务 3-2 循环水养殖系统的优势与发展

通过前面项目的学习,我们基本都掌握了循环水养殖的相关技术和理论知识,循环水养殖系统代表着工厂化养殖的最先进技术。它具有什么优势?它又具有什么发展趋势和现实意义呢?

知识准备

一、循环水养殖的优势

循环水养殖是工厂化养殖技术中最复杂,涉及设施装备最多,最为先进的一种养殖技术。循环水养殖系统的优势有很多,大体可归纳为以下几种:

1. 变境养殖

据欧美一些国家研究,鱼类在变化的环境中生长,生长速度可快 2 倍,而饲料系数下降 1/3。如果每天多次改变水温、盐度、溶解氧、光照、音响,呼吸量就下降,血红蛋白增加,饲料系数降低 1/2。这项技术已应用于俄、美、德、英等工业化养鱼国家。

2. 适温养殖

鱼是变温动物,鱼在不同温度下的生长速度和摄食量是不一样的。根据鱼的这种特点,在循环水养殖中,我们可将养殖水温控制在所养殖鱼种的摄食量最小、生长速度最快的温度范围内,即进行适温养殖,使得鱼吃得少,长得快。

3. 高氧养殖

鱼类在水中溶解氧达到饱和或略高时,饲料系数最低,生长最快。所以国外工业化养鱼都用富氧、液氧、纯氧增氧,而使水中溶解氧超饱和。鲤鱼在溶解氧为 3.8×10^{-6} 时饲料系数为 8,而在 17×10^{-6} 时为 2.3。草鱼在溶解氧为 2.3×10^{-6} 时饲料系数 5.5,而在 5.5×10^{-6} 时为 1.0。高氧还可以防治鱼病。

4. 养殖密度大

通过试验表明,个体增长率和养殖密度大小无关,而单位面积产量则随密度的增加而提高。这是因为循环过滤水养鱼,投饵量是按鱼的总重量来计算的,水质每时每刻都被控制,溶解氧得到满足,密养条件下鱼体生长的速度和稀养时基本一样。

5. 有效降低饲料系数,节省饲料,降低养殖成本

饲料成本是养殖业最主要的成本,饲料成本的高低决定了水产品成本的高低。循环水养殖密度高,鱼池小,因此,鱼的活动量小,饲料转化率高;单池鱼的总重量判断误差小,饲料投喂量准确,减少了饲料浪费;分级操作方便,便于经常分级,有效提高了小规格鱼的

生长速度;生长速度快,养殖周期短。由以上分析可知,设施渔业养殖系统可以有效降低饵料系数,降低养殖成本。

6. 企业可进行反季节生产、销售,获得丰厚的反季节销售利润

目前,由于受自然条件和养殖成本的制约,采用传统养殖方式的水产养殖企业只能在相对集中的同一时间区段,将同一鲜活品种供应市场、造成该品种集中上市,供过于求,价格下跌,严重影响了企业的经济效益。

循环水养殖系统,能使企业根据市场需求的变化,调整生产、销售计划,进行反季节生产、销售,获得良好的经济效益。

7. 为企业不断开发新养殖品种提供了技术和设备保证

水产养殖企业效益不好的另一个原因是养殖品种单一、陈旧。造成这种现象的主要原因是新品种开发的硬件设施落后。科技人员在不可控制的水环境中进行新品种的育苗、养成实践,很难获得成功,使企业新品种开发风险大、速度慢,不能尽快满足市场需求。

循环水养殖系统中的各项水质参数可以按人的意愿随时进行调整,可以满足任何养殖品种的生态需求,大大提高了新品种开发的成功率和速度。使企业永远走在同行的前面,获得新品种在供应市场初期的高额利润。

8. 有效防止鱼病发生,提高水产品的成活率

传统的养殖方式,导致鱼病经常性发生的主要原因如下:第一,随着养殖时间的加长,水中的鱼粪、残饵等污染物累积得越来越多,一旦超过鱼池的自净能力,就导致水环境恶化,各类病菌和有害物质大量增加。第二,温度、pH、溶解氧等各项水质参数经常处于变化之中,使水生物生物产生应激反应,抗病能力下降;第三,受外界环境,尤其是水源污染的影响,很难防止各种污染和病菌的侵害。

循环水养殖系统,可以有效隔断外界病菌及有害物质的传播途径,可以保持养殖水体水质参数恒定,有效防止鱼病发生,提高成活率,减少用药量。

9. 生产的水产品为"绿色食品",保证消费者的食品安全,符合消费时尚

工业污水、生活污水、医院污水正源源不断地排入大海、湖泊、水库、江河,使水资源受到严重污染,在遭受污染的水体中养殖出的水产品,受到不同程度,不同类型的污染,水产品体内积存着各种各样的有害物质,如重金属、赤潮毒素、病原体等。长期食用受污染的水产品,必然危害消费者的身体健康。

循环水养殖系统中的养殖用水为经过人工净化、灭菌的水,其饵料是严格按绿色食品的要求配制的,养殖全程在与外界隔断的无菌(指无有害菌)车间内进行,因此其生产出的水产品为绿色食品。

10. 节省大量水资源,符合环保要求,对环境没有污染

我国水资源严重缺乏,476个城市中有300多个缺水,有限的水资源又受到工业"三废"和农用化肥、农药的污染。

水产养殖业耗费大量的水资源,而排放的养殖水又对环境造成污染。国家已禁止在作为饮用水源的水库中进行网箱养殖,一些养殖企业已经开始被征收水资源和环境污染费。随着节水农业的大力推广,循环水养殖系统必将得到迅速发展。

二、循环水养殖系统的发展

1. 循环水养殖系统发展的制约因素

循环水养殖投资大、成本高,根据国外的经验,只有充分发挥设施渔业的优势,安排好养殖规划,用好、用足现代化设施的功能,才能获得比传统养殖更高的经济效益。

循环水养殖所包含的科技含量比较高,相应地对管理人员的素质要求也比较高,比较全面。从室外到室内,反映了从小农经济到现代养殖的巨大差异。今后各个领域的进步更加离不开其他领域科技进步的支持,因此在水产行业突破旧的观念和格局,引进大量包括工程技术人员在内的各类人才实属必然。

2. 循环水养殖系统发展趋势

当前国内外循环水养殖技术正在迅速突破并趋向成熟,总体发展的趋势是:

(1)高新化、普及化。许多发达国家,发展循环水养殖都引进了当今的前沿高新技术,如先进的水处理技术与生物工程技术,使单产达 $500 \ kg / m^2$。

欧共体把生物工程当作新的国民经济增长点,认为生物工程将引发动植物生产任务的重新分配和产业结构的深刻变化。

循环水养殖已普及到贝、藻等的养殖,循环水养殖已成为一些国家和地区的水产发展重点。例如,法国、丹麦等均相应立法;我国台湾也鼓励发展循环水养殖,以求节水与减少对环境的污染。

(2)大型化、超大型化。美国可口可乐公司在夏威夷投资 2 500 万美元,建立了对虾养殖工厂,其销量占全洲对虾市销量的一半。日本政府在长崎投资 6 800 万美元,建造了 3 英亩的养鱼车间。俄国计划建造 72 个大型设施渔业工厂,总产量要达到 100 万吨。国内外循环水养殖都有向大型、特大型、超大型企业发展的趋势。

(3)产业化、国际化。循环水养殖在西方一些国家已产业化,从设计、研究、制造、安装、调试,以及产品的产前产后服务、银行、保险、治安、保卫,信息都形成网络,形成了一个新的知识产业。围绕设施渔业,形成了上、下游产业群体,有的正形成集团与跨国集团。

例如,跨国的设施渔业 DK17 集团是一个循环水养殖硬件集团,北欧的 PS 公司是一个循环水养殖的跨国软件集团。

日本伊腾忠集团与丹麦养殖系统工程公司合作,在欧洲建造了大型养殖基地,并就地生产烤鳗,目标是年产量 3 000 吨。

在欧洲的一些国家,循环水养殖企业可以向保险公司投保产量,并委托物业管理。在人造的水体环境中,可以随时引进最新科技成果,例如运用声、光、电、磁、激光、辐射等物理手段及微生物等生物技术。这是循环水养殖的潜力所在,发展是无止境的,这也是循环水养殖的优势所在。

3. 发展循环水养殖的现实意义

1999 年我国的水产品总量已经突破 4 000 万吨,养殖产量超过总产量的一半,二者均占世界首位,是名副其实的渔业大国。然而,从总体上看我国还不是渔业强国,主要表现在目前的渔业发展基本上还处于消耗资源、拼劳动力成本的状态,有一部分养殖废水未经处理直接排放,据测算 1 kg 鱼一天会产生 2 g 氨、5 g BOD_5、污染 1.6 t 水、耗尽 2.5 m^3 水中的溶解氧。毋庸讳言,养殖业污染需引起重视。

随着全社会环保意识的逐步增强和有关法规的日益完善,加强对渔业用水排放的监测实属必然。另外由于我国内陆及沿海一些水域已被污染,许多人都有曾吃到煤油味鱼的体会。因为鱼的生长水域受到化学物质的污染,通过食物链,富集于鱼体内。在提倡绿色食品、健康食品、文明消费的今天,这种受污染鱼就无人问津了。更为严重的是,我国相当一部分地区处于缺水或严重缺水状态,随着经济的发展,缺水状况会日益加剧,养殖业的生存都受到威胁。

20 世纪 90 年代以来,可持续发展战略已成为世界潮流。循环经济与知识经济是世纪之交人类社会可持续发展的两大趋势。循环经济是一种善待地球的经济发展新模式,"自然资源—产品—再生资源"符合"3 R 准则",即减量化 reduce、再使用 reuse、再循环 recycle,属无废生产。循环经济取代"自然资源—产品—废物排放"单通道的线性经济,是社会发展的必然。

现代工业化养殖属循环经济范畴,融知识经济于一体。世界许多发达国家都正在运用其科学技术优势,大力发展工业化养殖,把养殖业从水上搬到陆上进行养殖,正向高科技、高密度、高投入、高效益、高质量、零排放的"五高一零"方向努力。

俗话说养鱼先养水,这充分反映了水质对养殖业的重要性。循环水养殖根据用水情况可分为流水养殖和循环用水养殖两类,显然循环用水养殖是今后的发展方向。相对于传统的养殖模式,循环水养殖因其养殖密度超高,氧气消耗特别快,养殖生物的排泄物及残饵等还会迅速污染水体,加上一般循环水养殖的品种较为名贵,对水质的要求较高,因而需要消耗大量的能源和水资源来维持良好的养殖水体,可以说循环水养殖的核心问题在于水处理。

近年来由于相关学科的飞速进步,如新材料、电子、微生物等学科的迅猛发展,使得水处理的工艺和相关装备同时得到长足发展,为循环水养殖的普遍推广和形成工厂化养殖提供了装备上的可能。

综上所述,大力发展循环水养殖的现实意义十分巨大,相关技术的发展也对其起到支撑作用。我们应抓住机遇,及时攻关,争取"十五"期间在技术和推广两个方面都有所突破。

4. 国内外循环水养殖发展过程与现状

循环水养殖的核心问题是水处理技术,除了常规的增氧、消毒、杀菌外,还必须除去水中的悬浮颗粒物(SS)和可溶性有害物质(氨氮等)。

（一）国外循环水养殖发展过程与现状

世界循环水养殖起源于 20 世纪 60 年代的欧美发达国家,它的技术基础来源于 3 个方面:

（1）内陆海洋水族馆技术。19 世纪美国已开始在陆上建立海洋水族馆,饲养大型观赏鱼与海兽,水是循环过滤回用的,如美国芝加哥水族馆已 50 年没有换水。

（2）自动化水族箱技术。自动化水族箱拥有水族馆水处理的功能,它也具有循环过滤、去氮、杀菌、水净化、增氧、调温、投饲、自动控制等设施,如同一座袖珍水族馆。

（3）流水高密度养鱼技术。水道式养鱼,水是不回用的。

20 世纪 70～80 年代常规的循环水养殖技术基本成熟,普遍采用了机械过滤器、生物包净水设施、纯氧、富氧、臭氧增氧设施及热泵调温、自动排污、自动应答投饲等设备进行高密度养鱼,每立方米水体单产达 100 kg。但这种模式无法去除水中的氮,只能依靠每天更换 10% 左右的水加以解决。我国从丹麦和德国引进的 20 多套养鱼设施都属于这一水平。

20 世纪 80 年代末美国基于工业化养鱼的水体净化技术和蔬菜无土栽培技术发展"鱼菜共生"的研究。养鱼水需去除氨氮、亚硝酸盐、硝酸盐等有机污染物;而蔬菜生长,又需要这一类有机物作为营养。将无土栽培技术与工业化养鱼技术二者合而为一,有机组合,既净化了养鱼水,减少了水净化成本;又充分利用了空间,省去了人工配制营养液,生产出有机绿色蔬菜,使共生系统形成良性的生态循环。

美国伊利诺斯州州立大学的水平:4～9 月,每平方米出鱼 50 kg,番茄 7.5 kg。最近美国又进行了将无土栽培槽改成沙床型式的"鱼菜共生"小试,沙床上面种植蔬菜,并起生物过滤器的作用。小试表明,增加沙床与养鱼面积的比例,能提高氨氮和亚硝酸盐的去除率,增加鱼产量。目前"鱼菜共生"系统商业化生产程度尚不高。

20 世纪 90 年代以后,生物技术和膜技术取得重大突破,使得直接从水中去除氨氮成为可能。以美国、日本、德国和北欧一些国家为代表,相继研究成功脱氮装置并开始应用于工业化养鱼中。

国外的工业化养鱼历经 30 年的发展,引入了世界前沿高新技术成果,如生物工程、纳米技术、微生物技术、膜技术、计算机技术,完善了生命维持系统及生命警卫系统,完成了一系列养殖软件,出现了机器人养鱼及无人养鱼工厂,使水净化到超自然状态。每立方米单产达 200～500 kg,实现无废生产及零排放,科技附加值超过 80%,已加盟"知识经济"范畴。

（二）国内循环水养殖发展过程与现状

我国从 20 世纪 80 年代开始工业化养鱼的研究,于 1989 年参考德国模式,设计建造了国内第一个养鱼工厂——中原油田 600 吨级工厂化养鱼工厂,以后其他一些油田如大庆、胜利、玉门等纷纷仿制中原油田模式,建造了各自养鱼工厂,目前这些工厂中的大多数还在正常运转。由于建设和运转成本及鱼价的因素,这种模式并未大规模推广。

20世纪90年我国开始"鱼菜共生"的研究,在不往水中添加营养液的条件下,小试达到了年产50 kg/m³罗非鱼和10 kg/m²蔬菜的水平,该项目于1991年通过技术鉴定。20世纪90年代中期起浙江大学利用欧盟的经费援助,进行鱼菜共生方面的理论性研究,从机理上证实了此种模式的可行性。

此后,新疆、北京等地开展了观赏性试验,规模较大,模式都是仅以蔬菜净化水质,未充分利用工业化养鱼的相关技术,有些甚至为了维持蔬菜的生长,不得不往栽培水中添加营养液,污染了养殖水体,而所配套蔬菜的水净化能力有限,制约了养鱼密度和鱼产量的提高,经济效益难于体现,目前都未达到产业化生产的要求。

1999年,中国水产科学研究院渔业机械研究所(渔机所)在苏州西山承接了"鱼菜共生园"工程项目,设计指标是年产70 kg/m³罗非鱼和15 kg/m²蔬菜水平,原预计2000年10月投入试生产,但至今未能正常运行。

2000年,渔机所借鉴污水处理行业的SBR工艺,探索试验了膜法SBR工艺(简称BSBR工艺)。试验表明,BSBR工艺有优异的脱氮除磷功能,反应快、处理效果好、省电。这一成果使养鱼污水采用SBR新工艺成为可能。

由于我国是工业化养鱼的后起国家,因此我国的工业化养鱼不应再走发达国家已经走过的道路,而应该将研究重点放在"鱼菜共生"和直接脱氮模式上,同时根据水处理工艺大力开发相关的设备,提高水质调控的机械化和自动化水平。

新建的现代农业示范区、工业化养鱼厂、蔬菜无土栽培场以及有条件改造的在建工业化养鱼厂(流水养鱼)、蔬菜无土栽培场等都可以推广应用,尤其对缺水、少鱼、少菜的西部地区,更是本成果应用推广的广阔天地。

任务实施

任务内容:循环水养殖项目立项报告。

(一)项目建设的必要性和经济、社会意义

在项目建设的必要性和经济、社会意义部分中,应完成如下工作:

1. 项目内容简述

(1)概述。

(2)项目的优势特点。

2. 项目建设的必要性和经济社会意义

(1)市场竞争激烈,该项目的建设成功是提高经济效益的有效途径。

(2)该项目生产的是绿色食品,符合社会消费时尚。

(3)该项目可以节省大量水资源,且符合环境保护要求,对环境没有污染。

（二）项目建设的市场、技术依据及拟建规模

在项目建设的市场、技术依据及拟建规模部分中,应完成如下工作:

1. 市场预测

（1）产品市场的"消费心理"分析。

（2）国内、外市场供求分析（当地市场）。

2. 技术依据

3. 拟建规模

（三）项目竞争力预测

在项目竞争力预测部分中,应完成如下工作:

1. 与传统模式相比有明显的优势

2. 与国外引进系统相比较其优势

3. 与国内已建项目相比较其优势

（四）工艺技术、设备方案选择及评价

在工艺技术、设备方案选择及评价部分中,应完成如下工作:

1. 技术方案的选择

（1）系统组成。

（2）工艺流程。

2. 设备方案的选择

（1）适用性、可靠性、安全性。

（2）结合生产实际,满足节能要求。

（3）配套设施。

（五）投资概算

不同规模项目投资金额如表 3-2-1 所示。

表 3-2-1　投资概算表　　　　　　　　　　　　　　　　　　单位:万

规模 ＼ 项目名称	1 000 m²	2 000 m²	3 000 m²	5 000 m²
土建工程	43.40	78.40	115.80	185.80
通用设备	28.40	32.60	43.80	52.20
工艺设备	118.92	181.20	254.70	371.90
合　计	190.72	292.20	414.30	609.90

（六）其他事项

其他事项中,包括如下内容。

1.土建工程方案

2.项目实施进度

3.管理、技术人员

4.经济和社会效益分析

5.结论

任务评价

表 3-2-2　任务评价表

任务实施项目	操作步骤	要求	分值	学生自评	教师评分
项目建设的必要性和经济、社会意义	项目内容简述 项目建设的必要性和经济社会意义		10 分		
项目建设的市场、技术依据及拟建规模	市场预测 技术依据 拟建规模		20 分		
项目竞争力预测	与传统模式相比有明显的优势 与国外引进系统相比较其优势 与国内已建项目相比较其优势	掌握项目立题的过程及所需完成的工作内容 能够根据提示完整地完成项目立题报告	15 分		
工艺技术、设备方案选择及评价	技术方案的选择 设备方案的选择		25 分		
投资概算	投资概算表:包括土建工程、通用设备、工艺设备		15 分		
其他事项	土建工程方案 项目实施进度 管理、技术人员 经济和社会效益分析 结论		15 分		
总分			100 分		

任务习题

(1)循环水养殖系统的优势都有哪些?

(2)国内外循环水养殖的发展现状和趋势是什么?

(3)循环水养殖都有哪些制约因素?

(4)项目立题报告都需要完成哪些工作?

项目四　人工鱼礁技术

本项目主要介绍人工鱼礁的概况、鱼礁的诱鱼机理、人工鱼礁的选址、人工鱼礁的维护和管理等内容,旨在让同学们掌握近岸增养殖技术——人工鱼礁技术的相关基础知识。

学习目标

【知识目标】

(1)掌握人工鱼礁的概况。

(2)掌握鱼礁的诱鱼机理。

(3)掌握鱼礁的设计。

(4)了解人工鱼礁的维护与管理。

【技能目标】

(1)能够懂得设计鱼礁。

(2)能够懂得如何进行人工鱼礁的维护与管理。

工作任务

任务 4-1:人工鱼礁技术。

任务 4-1　人工鱼礁技术

　　随着过度捕捞、不合理的开发及人类活动对河流、湖泊及海洋等水域的破坏,渔业资源面临着前所未有的严峻挑战,如何进行渔业产业的结构调整和恢复衰退的渔业资源,解决渔民出路等问题,已被列入各国政府的重要议程。为了使渔业经济成为一种可持续发展产业,在大量研究鱼群生活规律及生活环境等后,各国相继推出了人工鱼礁建设项目。那么,什么是人工鱼礁?人工鱼礁又有何作用呢?我们又该如何利用该技术呢?

知识准备

一、人工鱼礁的概述

1. 人工鱼礁的定义

　　人工鱼礁是指用于诱集、栖息和保护鱼类的人工设施。目的在于改善沿海水域的生态环境,为鱼、虾类聚集、栖息、生长和繁殖创造条件;也可作为障碍物,用以限制某些渔具在禁渔区作业,从而促进水产资源的增殖。通俗来说,人工鱼礁是为鱼类造窝,鱼类有了分散的居所就具备了生存、繁衍的条件。人工鱼礁是用于修复和优化水域生态环境的重要构造物。它通过适当地制作和放置,来增殖和吸引各类海洋生物,达到改善水域生态环境的目的,如图 4-1-1 所示。

图 4-1-1　人工鱼礁

2. 人工鱼礁的功能

　　(1)人工鱼礁有隐蔽场的功能:海洋中小型动物将人工鱼礁作为隐蔽场所,有利于提高它们的成活率。

　　(2)人工鱼礁有休息场的功能:岛礁性鱼类将人工鱼礁作为休息场所,对环境变化起到回避作用。

（3）人工鱼礁有索饵场的功能：人工鱼礁及其周围海域繁生了多种海洋生物，可以作为鱼类的索饵场。

（4）人工鱼礁有育苗场的功能：人工鱼礁为一些鱼类提供了产卵、孵化、鱼苗育肥的良好环境生态条件。

3. 人工鱼礁的诱鱼机理

人工鱼礁能够诱鱼聚集，是由于在开放的水域生态环境中投入礁体后，该水域原有的平稳流态受到了扰动，其周围水体的压力场重新分布而流速不一，使局部水域改变流向，产生漩涡，形成上升流。鱼礁使水产生的漩涡、上升流能把海域底层的营养物带到中上层，利用浮游生物大量繁殖，使礁体上附着大量生物，为鱼、虾类提供良好的食物和生息的场所。既诱集、增加定栖性岩礁和洄游性底层渔业资源，又能诱集、增加中上层渔业资源，延长滞留时间，形成相对稳定的人工礁渔场，如图 4-1-2 所示。人工渔礁还能有效地限制底拖网作业，利于保护近海渔业资源，并促进人工增养殖和捕捞生产的发展及提高近海渔业的科学管理，是改造沿海渔场的一项重要措施。

图 4-1-2　人工鱼礁的诱鱼

二、人工鱼礁的发展现状

日本是世界上人工鱼礁开发和利用中最发达的国家之一，在人工鱼礁研究和开发方面投入数十亿美元资金，其对人工鱼礁、人工鱼礁渔场、人工鱼礁增养殖的研究历史较长，并处于世界领先地位。如今的人工鱼礁业，已成为日本水产业中一个重要的产业和研究领域。日本沿海遍布的 7 000 多处由人工鱼礁形成的渔场——人工鱼礁渔场，不仅恢复了曾经被污染的海域生态环境，还促进了沿岸渔业的可持续发展。

美国在利用人工鱼礁改善渔业水域生态环境方面也做了大量工作。与日本不同的是，在 1985 年以前，美国发展的人工鱼礁主要是由废弃的材料制作成的，包括一些海军退役的军舰和废弃的石油钻井平台，如图 4-1-3 所示。墨西哥湾内的约 4 000 座海洋石油钻井平台构成了世界上最大的人工鱼礁系统。美国国家海洋渔业服务处制定和发布了国家人工鱼礁规划。其 29 个沿海州约有一半的州政府有关部门批准了该发展计划，并指定一些适宜发展人工鱼礁的海域。在人工鱼礁发展方面,美国的联邦政府提供技术帮助和实施人工鱼礁的许可,各沿海州政府负责本州所辖水域人工鱼礁的管理和发展。随着该计划的实施,在人工鱼礁方面也取得很多进展,并获得了许多专利技术。

图 4-1-3　废弃的舰船形成的人工鱼礁

韩国自 20 世纪 70 年代开始发展人工鱼礁来改善沿海水域生态环境,提高渔获产量。从 1975 年开始,韩国每年对其沿海的 6 处人工鱼礁的投放效果进行跟踪监测,结果显示:人工鱼礁处的渔获量比自然礁石处高 2～13 倍。到 1999 年,韩国已建成 1 200 处人工鱼礁,总量达 700 万立方米。韩国的人工鱼礁计划,由中央政府负责计划和投资,地方政府负责建设和投放。从 2000 年开始,韩国已投入几十亿美元发展人工鱼礁。

我国 20 世纪 80 年代,曾经在黄海、东海、南海的一些海域试验性地投入了一些人工鱼礁,但是由于投入不足,试验没有明显的效果。之后,我国也进行了一些有关人工鱼礁的集鱼机理、礁体设计、礁体稳定性等的研究,取得了一定的成果,但还远远落后。

欧洲的人工鱼礁虽然起步较晚,尚处于发展阶段,但是欧洲于 1995 年 5 月成立了"欧洲人工鱼礁研究网络",该网络有 51 个成员单位,在推进人工鱼礁的研究方面十分活跃。

国外对人工鱼礁的研究内容主要包括人工鱼礁建造所使用的材料选择(包括材料的吸引和附着海洋生物的功能、与环境的适宜程度、耐久性、稳定性等)、礁体的设计、投放地点底质的选择以及不同材料、不同结构人工鱼礁集鱼效果等。

三、人工鱼礁类型

人工鱼礁按不同的制造材料可分为石块鱼礁、木筐树木鱼礁、废轮胎鱼礁、废车船鱼礁、混凝土鱼礁、钢筋鱼礁以及聚乙烯材料制作的各类底鱼礁、浮鱼礁等。有的模拟洞穴,有的模拟坑槽、岩缝,以及大型组装鱼礁。按建设目的可分为渔获型、保护型、培育型、诱导型鱼礁和浅海增殖礁等。常见的人工鱼礁类型如下。

(1)混凝土人工鱼礁。混凝土人工鱼礁所占的体积较大,相对密度也大,且有改变海域海流流向和海浪的作用,所以这种鱼礁较为普遍,如图 4-1-4 所示。我国鱼礁目前以混凝土人工鱼礁为主。

图 4-1-4 混凝土人工鱼礁

（2）废旧船改造型人工鱼礁。根据海底底质状况选择船型，为了防止沉陷，礁体宜大不宜小，以空方大、自重小、与海底接触面积大为好，如图 4-1-5 所示。

图 4-1-5 废旧船改造的人工鱼礁

（3）钢结构人工鱼礁。钢结构人工鱼礁具有造型可塑性大、制造工期短、投放方便及造价低、容易附生海藻吸引鱼群、适宜建造高度高、单体轻的礁体等优点，如图 4-1-6 所示。由于近海海底氧气稀少，腐蚀速度较慢，测算出的年腐蚀速度为 0.2 mm。

图 4-1-6 钢结构人工鱼礁

（4）旧轮胎人工鱼礁。旧轮胎人工鱼礁是选用钢丝子午线旧轮胎，以钢构件为框架组合的人工鱼礁，如图 4-1-7 所示。

图 4-1-7　旧轮胎人工鱼礁

此外，按礁体的形状不同可分为正六面体、四面体、圆筒形、三角形、台形、组合形等，常见的几种形状的人工鱼礁如图 4-1-8 所示。

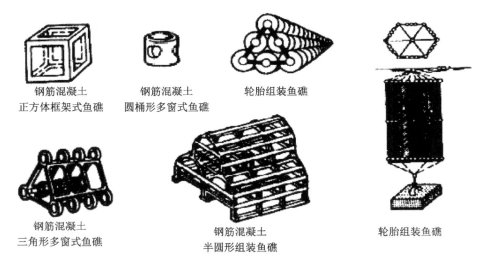

钢筋混凝土
正方体框架式鱼礁

钢筋混凝土
圆桶形多窗式鱼礁

轮胎组装鱼礁

钢筋混凝土
三角形多窗式鱼礁

钢筋混凝土
半圆形组装鱼礁

轮胎组装鱼礁

图 4-1-8　不同类型的人工鱼礁

任务实施

任务内容：人工鱼礁渔业技术的实施。

1. 人工鱼礁的选址

人工鱼礁的选址在整个人工鱼礁渔业过程中是十分重要的环节，而且是一项十分复杂的工作，涉及地质学、海洋科学、气象科学、生物科学等多个学科，需要考虑海洋物理环境、生物环境和社会等多种因素。其中，国家的海洋功能区划分、海底底质、水深、水流及风浪等因素在人工鱼礁的选址中是必须首先考虑的。

2.人工鱼礁的设计

鱼礁的设计工作主要包括鱼礁的形状、结构和规格的设计。鱼礁的设计主要考虑水深、水流速及鱼种等因素。根据鱼和鱼礁的位置关系,我们可将鱼分为如下 3 种类型(图4-1-9)。

Ⅰ型鱼类:使身体的大部分或一部分接触鱼礁,一般具有较强的趋触性,如鳗鱼、鲆、鲽、六线鱼、鲉科鱼类等。

Ⅱ型鱼类:身体不接触鱼礁,但栖息或洄游在设置鱼礁水域,多属岩礁性鱼类,如石鲷、马面鲀、七斑石斑鱼等。

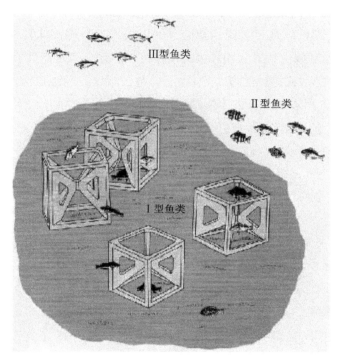

图 4-1-9　鱼与鱼礁位置关系示意图

Ⅲ型鱼类:洄游于中上层水域或大洋水域,为中上层及大洋性鱼类,如竹荚鱼、鲐鱼、鲕鱼、金枪鱼、鲣鱼等。

根据不同的鱼种,我们可将鱼礁的形状、结构、规格设计如下。

(1)中上层鱼类的鱼礁形状、大小的设计。单体礁和群体礁越大,集鱼效果越好;鱼礁的形状对中上层鱼类的集鱼效果并不重要;鱼礁的设置水深在 40 m 以上,鱼礁越高诱集效果越好, 40 m 以下时,鱼礁的高度为 1～2 m 和 3～4 m 的诱集效果没有显著的差别。

(2)洄游在鱼礁周围的鱼类与鱼礁形状、大小的设计。对于栖息在鱼礁内的鱼类,鱼礁的形状对其无大影响,但单体礁和群体礁的空间大小对其有影响;单体礁的空间不宜过大,中间结构越复杂集鱼效果越好;鱼礁高度不宜过高, 3 m 左右为宜。从集鱼效果来看,增大鱼礁的高度不如增大鱼礁的面积。

3. 人工鱼礁的管理

人工鱼礁的管理应该从其建造开始,一直持续到人工鱼礁使命的结束。对人工鱼礁的管理方法要取决于人工鱼礁的功能类型和当地渔业管理的模式。

(1)首先,要做好人工鱼礁投放后的监测工作。人工鱼礁的建设,投放的地点、人工鱼礁的材料和类型、投放的布置方式、投放区域渔业资源种类、天气和水文状况、底质情况等因素与人工鱼礁修复和改善生态环境、增殖海洋生物资源的功能是密切联系的。因此,人工鱼礁的建设是一个很复杂的工程。根据国外的经验,人工鱼礁投放后,应该定期对人工鱼礁区域的生态环境和生物资源状况以及礁体本身进行监测,包括投放前后人工鱼礁区域的生物数量、生物种类等的变化状况,以及人工鱼礁礁体的掩埋、位置变动、损失情况,以确定所投放的人工鱼礁是否达到预期的目的以及人工鱼礁礁体材料的耐久性和稳定性。其中,人工鱼礁区域生物数量和种类的监测可以通过调查在礁区渔场的渔获量,也可以通过试捕或水下潜水或摄影的方式进行,而礁体的状况只能通过潜水或水下摄影的方法来加以确定。我们可以通过对人工鱼礁的监测所获得的资料来改进后续的鱼礁设计。

(2)其次,人工鱼礁建成后,根据人工鱼礁的类型,确定合适的捕捞作业方式。其中,对渔业资源和生态环境破坏比较严重的炸鱼、毒鱼等作业方式是应该严格禁止的。在一般的人工鱼礁区,进行底拖网作业不但会划破拖网网衣,还可能导致礁体的移位。所以,在人工鱼礁区一般是禁止拖网作业的。由于刺网作业机动灵活,而且对捕捞对象有一定的选择性,因此是一种比较合适的作业方式。但是,根据国外的经验,刺网尤其是流刺网作业时容易由于各种原因而流失网衣,这些流动的网衣可能会由于海流的作用而缠绕到人工鱼礁礁体上,导致人工鱼礁区域的许多鱼类由于网衣的刺挂和缠绕而死亡。因此,在人工鱼礁区域的刺网作业也应该进行一定的限制。

相对来说,延绳钓、手钓等钓捕方式由于其机动灵活而最适合于在人工鱼礁渔场作业。根据谢振宏等在山东省胶南沿海人工鱼礁渔场的渔法试验,在人工鱼礁区域,捕捞作业的方式与礁体的形式和布局方式决定了捕捞作业的类型。一般来说,使用小型渔具包括各类钓具、笼壶类、定置刺网、小型轻拖网是比较理想的作业方式。另外,除了限制捕捞方式外,还可以对人工鱼礁渔场进行捕捞限额管理。

(3)人工鱼礁投放后,渔业行政主管部门应与海洋行政主管部门密切合作,严格禁止在人工鱼礁区域倾倒任何废弃物。用作人工鱼礁的建筑材料的废弃物以及其他固体物质,必须经过一定的处理,使其对海洋环境无害后,按照一定的规划和要求投放。

(4)人工鱼礁建成后,一般应在海图上标明人工鱼礁的位置和范围,并且在海上用浮标或其他标志标示出来,以便于在附近航行或从事其他作业的船只识别。如果在人工鱼礁的监测中发现礁体被渔具渔网缠绕的情况,应及时将其清除,避免可能对人工鱼礁区域的鱼群造成伤害。

任务评价

表 4-1-1　任务评价表

任务实施项目	操作步骤	要求	分值	学生自评	教师评分
人工鱼礁的选址	海洋功能区划分 海底底质 水深、水流	懂得如何进行人工鱼礁选址的主要因素 能够根据不同鱼群种类设计出相应形状、大小的鱼礁 懂得如何对人工鱼礁投放后的管理	30 分		
人工鱼礁的设计	中上层鱼类的鱼礁形状、大小的设计 洄游在鱼礁周围的鱼类与鱼礁形状、大小的设计		40 分		
人工鱼礁的管理	人工鱼礁投放后的监测 捕捞 防止外来物质的破坏,自身材料的污染 标记		30 分		
总分			100 分		

任务习题

（1）什么是人工鱼礁养殖技术？

（2）人工鱼礁都有哪些功能？

（3）人工鱼礁的诱鱼机理是什么？

（4）人工鱼礁都有哪些主要类型？

参考文献

[1] 林伟. 设施渔业养殖实用技术 [M]. 北京:中国农业科学技术出版社,2011.

[2] 陈中康. 工厂化养鱼简介 [J]. 河北农业科技, 1980(01):24.

[3] 陈学峰. 工厂化养鱼基础设施的配置 [J]. 四川农业科技, 1995(01):33-35.

[4] 史雨. 工厂化养鱼设施 [J]. 河北渔业, 1998(02):19-21.

[5] 凌熙和,田英顺. 集约化网箱养鱼 [M]. 北京:农业出版社,1988.

[6] 农业部农业机械试验鉴定总站,农业部农机行业职业技能鉴定指导站. 设施水产养殖装备操作工 [M]. 北京:中国农业科学技术出版社,2014.

责任编辑/邓志科
封面设计/陈　龙
终　　审/魏建功

ISBN 978-7-5670-1845-7

定价：35.00元

高等教育自学考试同步辅导用书

电脑印刷设计

编写依据 / 《印刷设计》

刘扬 编著

课程代码
10132

组 编 ◆ 麦能网自考研究中心

主 编 ◆ 赵 丽

副主编 ◆ 戎乔华

 中国海洋大学出版社

CHINA OCEAN UNIVERSITY PRESS